U0293024

SHENZHEN GENERAL INSTITUTE OF ARCHITECTURAL DESIGN AND RESEARCH CO., LTD. 40 YEARS SELECTED WORKS

1982—2022

深圳市建筑设计研究总院有限公司成立40周年作品集

深圳市建筑设计研究总院有限公司　编著

中国建筑工业出版社

图书在版编目（CIP）数据

深圳市建筑设计研究总院有限公司成立40周年作品集：1982—2022 = SHENZHEN GENERAL INSTITUTE OF ARCHITECTURAL DESIGN AND RESEARCH CO., LTD.40 YEARS SELECTED WORKS / 深圳市建筑设计研究总院有限公司编著．—北京：中国建筑工业出版社，2022.11
ISBN 978-7-112-27995-1

Ⅰ.①深… Ⅱ.①深… Ⅲ.①建筑设计–作品集–中国–现代 Ⅳ.①TU206

中国版本图书馆CIP数据核字（2022）第176269号

责任编辑：刘　丹　陆新之
书籍设计：SURE Design 烁设计
　　　　　锋尚设计
责任校对：王　烨

深圳市建筑设计研究总院有限公司成立40周年作品集
1982—2022
SHENZHEN GENERAL INSTITUTE OF ARCHITECTURAL DESIGN AND RESEARCH CO., LTD. 40 YEARS SELECTED WORKS
深圳市建筑设计研究总院有限公司　编著
*
中国建筑工业出版社出版、发行（北京海淀三里河路9号）
各地新华书店、建筑书店经销
北京锋尚制版有限公司制版
北京雅昌艺术印刷有限公司印刷
*
开本：880毫米×1230毫米　1/16　印张：18¾　字数：579千字
2022年11月第一版　2022年11月第一次印刷
定价：**199.00**元
ISBN 978-7-112-27995-1
（40061）

建设美好人居　引领城乡未来

BUILDING A BEAUTIFUL LIVING ENVIRONMENT AND
LEADING THE FUTURE OF URBAN AND RURAL AREAS

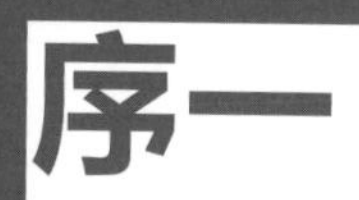

伴随着深圳经济特区的成长，深圳市建筑设计研究总院有限公司走过了四十载的风雨历程。深总院全体同仁以拓荒牛的精神，勤奋工作、精益求精，用一批批优质的作品表达着服务社会的一腔热忱。这些作品不仅扎根于深圳及南粤大地，也遍及了祖国的大江南北，并逐步迈向世界各地。

本书收录的作品展示了深总院的创新创作能力，以及全体员工立足深圳迈向全国走向世界的目标，也反映了深总院与国内外同行精诚合作、共同发展的理念。

如今，深总院已发展成为近 4000 人的大型设计机构，作为中国特色社会主义先行示范区的“国企龙头企业”。四十年来始终以“建设美好人居，引领城乡未来”为愿景，努力打造建筑精品。四十年，是一个金色的新起点，深总院将继往开来、把握时代机遇，坚持守正创新、追求卓越，续写新时代“春天的故事”。

孟建民

中国工程院院士

深圳市建筑设计研究总院有限公司

首席总建筑师

2022 年 11 月

序二

深圳总院 40 年，砥砺奋进 40 年。

南海之滨，改革创新大潮不断形成，深圳因改革开放而生，深圳市建筑设计研究总院有限公司（后简称为“深总院”）因改革开放而长。成立于 1982 年的深总院从一系列基础民生保障工程到打造当时亚洲第一高楼的地王大厦，再到深圳市民中心及深圳中心区的证券交易所、能源大厦、博时基金大厦等幢幢高楼，再到今天的深圳湾超级总部基地等多个片区城市总设计师制的不断探索……深总院不仅是特区建筑设计行业的拓荒牛，还为全国改革开放发挥了“试验田”的作用。项目深深扎根于深圳及南粤大地，也遍及了祖国的大江南北，并逐步迈向世界。

高质量发展的冲锋号角在这里吹响，学校、医疗建筑等基础设施，高新产业园区、高密度城市设计、轨道交通、装配式建筑应用等一体化工程不断涌现。我们站在全新的时代前沿，扬起全面深化改革开放的伟大旗帜，以更加昂扬的姿态奋力续写新时代“春天的故事”。

此作品集以 1982 年为发端，每一幢建筑、每一项建设都凝聚着深总院人的心血和汗水。作品集力求客观真实地还原过去，总结经验、剖析现状，阐述对未来的思考，回顾深总院 40 年发展成就。以开展建设粤港澳大湾区和中国特色社会主义先行示范区再度成为中国改革创新的新旗帜。深总院将扎实推进以科技创新为核心的全面创新，加快基础研究、技术开发、成果转化，把深圳这座城市的创新基因再强化、再巩固、再提升，努力打造具有全球竞争力的“创新之都”。

借此书的出版，进一步号召深总院人全力以赴，再次扬起新征程的船帆，积极投身于改革开放新时代赋予我们的伟大事业中，牢记习近平总书记的嘱托，不忘初心，砥砺前行，树立四个意识，坚定四个自信。为深圳的创新建设、粤港澳大湾区的未来、中华民族伟大复兴的明天，全力奋进，再铸新辉煌！

深圳市建筑设计研究总院有限公司

党委书记　董事长

2022 年 10 月

企业概况

深圳市建筑设计研究总院有限公司（简称SZAD），建于1982年，伴随着深圳特区的发展，从地区性的建筑设计院发展成为立足深圳、布局全国、服务世界的城乡建设集成服务提供商。先后在全国多地成立了分支机构。拥有建筑行业（建筑工程）甲级、城乡规划编制甲级、工程咨询资信（建筑）甲级、市政行业（给水工程、排水工程）、风景园林工程设计专项等多项资质，是住房和城乡建设部首批“全过程工程咨询试点企业”。服务范围包括建筑工程设计、城乡规划编制、市政工程设计、风景园林工程设计、工程咨询、建筑工程监理、建筑科学技术研究、建筑新材料新技术推广和应用等领域。

SZAD人才荟萃，拥有接近4000人的高素质专业人才队伍，坚持完善创新型高端人才培养机制，涌现了一批行业领军人物和高层次人才。其中高层次人才包括中国工程院院士1人，全国工程勘察设计大师1人，省勘察设计大师6人，广东省杰出工程勘察设计师5人，深圳市领军人才5人，各类注册人员400余人，各专业评审专家100余人。

SZAD以技术创新为支撑，以信息化和现代化的组织管理为手段，大力发展建筑产业化，在建筑科技领域取得突破性进展。废旧混凝土再生利用关键技术及工程应用获得2018年度国家科学技术进步二等奖。获得专利194项，其中发明专利40项、实用新型专利145项，外观专利9项。有效专利持有量为全国勘察设计行业前十。

SZAD成立以来，为国家和地方各级党政机关、企事业单位、“一带一路”沿线国家和地区等提供建筑工程服务超过10000项，荣获国家、省、市等各级优秀工程设计奖1200余项。许多项目成为所在城市的标志性建筑，为全国的城市建设作出卓越贡献，多次获评“全国建设系统先进集体”“中国十大建筑设计院”“中国优秀企业”“中国十佳建筑设计机构”等一系列殊荣，发展规模、业务量、综合竞争实力连续多年位列全国民用建筑设计行业前列。

Shenzhen General Institute of Architectural Design and Research Co., Ltd. (SZAD), established in 1982. Goes with the rapid development of SHENZHEN Special Economic Zone, SZAD has grown up from regional architecture design company to Urban-rural Development Integration service supplier that serves clients cross China and over the world. SZAD has set up subordinate companies in many cities of China. SZAD is one of the first “Whole process of Engineering consultant pilot enterprises” selected from Ministry of Housing and Urban-Rural Development of the People’s Republic of China with many certifications such as architecture industry (Architecture Engineering) grade A, Urban-Rural planning grade A, Engineering consultation certification (Architecture) grade A, Civil Engineering industry(Water Supply and Sewage Engineering), landscape design. SZAD provides service including architectural design, city urban planning, civil engineering design, landscape design, engineering project design & consultation, architecture engineering supervision, architecture scientific technology research, new building materials promotion and applications.

With innovative employee training principle, SZAD has almost 4000 high-quality of specialization of talented employees, including 1 Academicians of Chinese Academy of Engineering, 1 Engineering survey and design master, 6 Provincial Design Masters, 5 Guangdong Province Excellent Designers, 5 Shenzhen Leading Talents, 400+ registered professionals, 100+ professional review experts.

SZAD takes green development as value, based on technology innovation, through informatization and modernization management method, SZAD focuses on architecture industrialization and makes remarkable progress in architecture technology area. Key technology for discarded concrete recycling and application won national science and technical advance reward second grade in 2018. SZAD has 194 valid patents, includes 40 patents of invention, 145 new practical patents, 9 appearance patents. The number of valid patents is top 10 in China.

Since establishment, SZAD has taken over 10000 architecture engineering projects for national governments, regional governments, enterprises, Belt & Road countries and etc. internal and abroad. Wining over 1200 excellent engineering awards in national, provincial, critical level. Many projects become landmark buildings in project located cities, which makes valuable contribution for national city developments. SZAD has earned “Excellent group of National construction system”, “Top 10 architecture design companies in China”, “Excellent enterprise in China”, “10 Best architecture design companies in China” many times. Development scale, business volume, overall competitive capability of SZAD has a good lead in national civilian architecture design industry for many years.

目录

第四章 面向未来 万象更新 2018—2022

深圳
所需

REQUIRED BY SHENZHEN

第一章

1982—1991

民生保障

BUILDING LIVELIHOOD GUARANTEE

01 深圳市滨河住宅小区
1986 年获建设部城乡建设优秀设计、
优秀工程、城市住宅设计创作奖

02 深圳市京鹏大厦
1987 年获广东省优秀设计表扬奖

03 深圳市北斗小学
1987 年获建设部三等奖

04 深圳市向西小学
1987 年获城乡建设环境保护及国家教委
全国教育建筑优秀设计三等奖

05 深圳市计生委宣教楼
1989 年获深圳市优秀设计三等奖

06 深圳市艺术学校
1989 年获深圳市优秀设计二等奖

07 深圳市金碧酒店
1989 年获深圳市优秀设计一等奖、
获广东省优秀设计三等奖

08 深圳市邮政大厦
1991 年获广东省优秀设计三等奖

09 东莞丽晶酒店
1991 年获深圳市优秀设计二等奖

10 深圳宝丰大厦
1991 年获广东省优秀设计二等奖、
建设部优秀设计表扬奖

11 深圳市中国书画廊
1991 年获广东省优秀设计三等奖、
深圳市优秀设计一等奖

12 深圳市长城大厦 6 号楼
1991 年获广东省优秀设计二等奖

13 惠州金叶大厦

1993 年获广东省建委颁发省优三等奖

14 深圳市台湾花园

1993 年获广东省优秀设计三等奖、
深圳市优秀设计二等奖

15 深圳市翠都花园

1993 年获深圳市优秀设计一等奖、
1994 年广东省优秀设计三等奖

16 深圳市深铁列车调度综合楼

1993 年获深圳市优秀设计三等奖

17 深圳市粮食公司面粉厂

1993 年获深圳市优秀设计表扬奖

18 深圳银湖长途汽车客运站

1993 年获深圳市优秀设计三等奖

19 深圳市布吉龙岭幼儿园

1993 年获广东省优秀设计三等奖

20 深圳市莲花大厦

1994 年获深圳市优秀设计三等奖、
1995 年广东省优秀设计表扬奖

21 深圳同乐大厦

1996 年获深圳市优秀设计二等奖

22 深圳市皇岗文化中心

1994 年获深圳市优秀设计三等奖

23 深圳市罗芳中学

1994 年获深圳市优秀设计三等奖

24 深圳市石油气大厦

1994 年获深圳市优秀设计三等奖

25 深圳市新城大厦
1994 年获深圳市优秀设计三等奖

26 深圳档案文化大楼
1995 年获广东省优秀设计二等奖

27 深圳南油月亮湾中学
1995 年获深圳市优秀设计二等奖

28 深圳高等职业技术学院学生宿舍
1995 年获深圳市优秀设计表扬奖

29 深圳市深勘大厦
1995 年获深圳市优秀设计三等奖

30 深圳市高等职业技术教育学院教学楼
1996 年获深圳市优秀设计三等奖

31 深圳市建艺大厦
1996 年获深圳市优秀设计三等奖

32 深圳市荔湖大厦
1996 年获深圳市优秀设计三等奖

33 深圳市深房广场
1996 年获深圳市优秀设计一等奖、
部级二等奖（中国建筑学会）

34 深圳市盛华大厦
1996 年获深圳市优秀设计三等奖

35 深圳大学成人教育学院综合大楼
1996 年获深圳市优秀设计二等奖

36 深圳市海滨花园
1996 年获深圳市优秀设计三等奖

37 深圳市庐山大厦
1998 年获深圳市优秀设计一等奖、
2000 年广东省建委颁发省优二等奖

38 深圳市紫荆苑
1998 年获广东省优秀设计三等奖

39 广州花都宾馆
1998 年获深圳市优秀设计三等奖

40 建设部“迈向 21 世纪住宅设计竞赛”
1998 年获广东省优秀设计一等奖、
建设部颁发级二等奖

41 深圳证券大厦
1998 年获广东省优秀设计二等奖、
深圳市优秀设计二等奖

42 深圳市罗湖管理中心大厦
1998 年获广东省优秀设计二等奖

1983 深圳直升机场

1983 深圳蛇口南油公寓

1983 深圳兴华大厦

1983 深圳直升机场大门

1984 深圳市罗湖清秀幼儿园

1984 深圳市通新岭菜市场

1984 深圳电子技术学校

1984 深圳市桂园中学

1984 深圳市向西小学

1984 深圳迎春路眼科医院

1984 深圳市滨河中学

1984 深圳市罗湖宾馆

1984 深圳振华大厦

1984 深圳中学

1984 深圳市怡景中学

1985 深圳市滨河幼儿园

1985 深圳市翠北小学

1985 深圳市公明影剧院

1985 深圳妇幼保健医院

1985 深圳红十字会医院

1985 深圳洪湖水产大厦

1985 深圳市京鹏大厦

1985 深圳市教委办公楼

1986 深圳市滨河住宅小区

1986 深圳市福田区华新小区

1986 深圳红岭大厦

1986 深圳教育学院

1986 深圳麒麟山庄疗养院

1986 深圳市水库小学

1987 深圳市平岗中学

1987 深圳市交通指挥中心（红荔路）

1987 深圳市罗湖村幼儿园

1987 深圳青少年宫大家乐影剧院

1987 深圳市机关第一幼儿园

1988 深圳罗湖联建大厦

1988 深圳皇冠（中国）电子有限公司厂区

1988 深圳罗湖大滩大厦

1988 深圳罗湖新安大厦

1989 深圳市北斗中学

1989 深圳市布心中学

1989 深圳黄木岗住宅小区

1989 深圳市福田中学

1989 深圳市大冲派出所

1990 北环路深圳市粮食公司面粉厂

1990 上海南苑华侨别墅

1990 深圳北环路明达塑胶厂

1990 深圳市碧波中学

1990 深圳福田岗厦村文蔚阁

1990 深圳市工艺综合家具厂

1990 深圳市岗厦住宅小区

1990 深圳市儿童公园大门

1990 深圳信托大厦

1990 深圳白沙岭核电高层住宅

1990 深圳市笋岗中学

1990 深圳华侨城芳华苑住宅

1990 深圳实验学校中学部

1990 深圳市艺术中心

1991 深圳市莲花中学

1991 深圳宝安沙湾南岭村百门前工业区

1991 深圳南亚饮料容器公司厂房

1991 深圳新安镇崩山工业区康乐中心

1991 深圳市龙岗区布吉中心幼儿园

1991 深圳市宝安西乡凤岗小学

1991 深圳设计院办公楼

1991 石家庄农业银行

1991 深圳长盛大厦

1992 深圳市骨伤科医院

1992 深圳市设计大厦

1993 深圳市桂园中学地理园

奋勇
开拓

DEVELOP BRAVELY

第二章

1992—2006

创新引领

INNOVATION LEADS

1

原创实力 独创风格

ORIGINAL STRENGTH, ORIGINAL STYLE

1992—2006

深圳市关山月美术馆

SHENZHEN GUANSHANYUE ART MUSEUM

01 建设地点	02 设计时间	03 竣工时间	04 工程类别
深圳市福田区	1994	1996	文化建筑
05 结构类型	**06 占地面积**	**07 总建筑面积**	**08 建筑高度**
框架结构	8100.0m^2	13608.0m^2	23.6m

09 获奖情况

1999 广东省优秀工程设计二等奖

项目介绍

城市的艺术馆，在很长的时期内都是作为文化艺术历史的一部分而存在，关山月美术馆以关山月先生名字命名，是以美术展览、收藏、交流研究为主要功能组成的文化建筑，设计者力求创造出一个与新兴的现代化开放城市相适应的建筑形象，提炼出书画艺术和建筑艺术的有机结合形式。

其独特的平面构成，反映出艺术馆鲜明的个性和高尚的品位；采用灵活的轴线控制多个组成部分，中央展厅成为主题，沿用地对角线舒展两翼，收放自如；西南、东南翼和主厅构成展览厅系列，东北翼为收藏研究用房，高低错落、疏密有致，西北面弓形的研究大楼破开了对称的平面和总体布局，吸取了中国传统书画平面的特点。

满足各功能用房的空调系统。其中，展示及收藏室采用电脑控制的恒温、恒湿空调系统；艺术馆采用了先进的防潮、防水设计；展示光学设计参照了当时国际上最先进的艺术馆所采用的技术措施，光源通过漫反射柔和地创造出展览的光环境，完全避免了直射光对艺术品的损伤；与此同时，完善的消防系统、保安系统、电力系统都采用电脑与人工综合控制的方式，控制中心设置在研究大楼内。

深圳基督教深圳堂

SHENZHEN CHRISTIAN SHENZHEN CHURCH

01 建设地点
深圳市福田区

02 设计时间
1998

03 竣工时间
2001

04 工程类别
宗教建筑

05 占地面积
15452.0m^2

06 总建筑面积
7514.0m^2

07 获奖情况
2004 建设部城乡建设优秀勘察设计三等奖
2003 广东省优秀工程设计一等奖

项目介绍

教堂设计以“诺亚方舟”的典故作为构思之源，与场地由西向东起坡的地形特点相对应，建筑形体由东向西逐渐升起，以此增加建筑的雄伟感和挺拔感，宛若方舟停泊在山边，与自然交融一体。

2

国际合作 对外开放

INTERNATIONAL COOPERATION, OPENING TO THE OUTSIDE WORLD

1992—2006

深圳地王大厦

SHENZHEN DI WANG BUILDING

01 建设地点
深圳市罗湖区

02 设计时间
1993

03 竣工时间
1996

04 工程类别
办公建筑

05 结构类型
钢框架—核心筒结构

06 占地面积
18734.0m^2

07 总建筑面积
273349.0m^2

08 建筑高度
384.0m（塔尖）

09 合作单位
美国建筑设计有限公司（张国言建筑事务所）

深圳市地王商业大厦位于深圳市罗湖区，南临深南大道，东向宝安路，是一座集办公、商业于一体的超高层综合性建筑组群。主塔楼 68 层，高 384.0m（塔尖），副塔楼 33 层，商业裙楼 5 层，地下 3 层。建筑设计由美国建筑设计公司（张国言建筑事务所）承担，深圳市建筑设计研究总院负责设计咨询和审核。大厦于 1996 年 3 月竣工，是深圳特区 20 世纪 90 年代中期耸立起来的一座气势恢宏的重要标志性建筑，也是当时中国最高的建筑。

由于工程所处基地为狭长的南北向三角形地带，故总平面采用 T 形布局，把公寓呈南北向的条形布局设于西侧，尽量远离东西向办公主塔楼，以求舒适、卫生、安静的环境。办公楼作为群楼的主体设于东侧，用商场把办公楼和公寓连接起来构成一个有机的组合体。

深圳招商银行大厦

CHINA MERCHANT BANK BUILDING

01 建设地点
深圳市福田区

02 设计时间
1998

03 竣工时间
2001

04 工程类别
办公建筑

05 结构类型
方钢管—核心筒结构

06 占地面积
10000.0m^2

07 总建筑面积
110000.0m^2

08 建筑高度
237.1m

09 合作单位
美国李名仪 / 廷丘勒建筑师事务所

10 获奖情况
2005 广东省优秀工程设计一等奖
2005 建设部合作设计二等奖

项目介绍

大厦位于深圳市福田区深南路北侧，是集金融、贸易、办公于一体的大型公共建筑。总建筑面积 11 万 m^2，用地面积 1 万 m^2。地上 54 层，地下 3 层。楼高 237.1m，顶层为直升飞机停机坪。该建筑为钢筋混凝土结构，内设局部不落地的十字形核心筒，在七层处有巨型钢桁架转换，以支托上部 47 层荷载。本工程方案由美国李名仪 / 廷丘勒建筑师事务所完成，深总院承担初步设计及施工图设计，工程于 2001 年 9 月竣工。

国际形象
83133133

深圳宝安体育馆

SHENZHEN BAO'AN GYMNASIUM

01 建设地点
深圳市宝安区

02 设计时间
2001

03 竣工时间
2002

04 工程类别
体育建筑

05 结构类型
钢筋混凝土框架结构

06 总建筑面积
47900.0m^2

07 合作单位
法国莫尼设计公司

08 获奖情况
2005 广东省优秀工程设计二等奖

项目介绍

项目为深圳市宝安区体育中心的核心建筑。定位为能举行体操、篮球、排球等项目大型国际赛事的体育场馆。观众厅容纳人数为 8300 人。主体 3 层，高 28.0m，为钢筋混凝土框架结构。屋顶为空间桁架结构。方案构思来自法国莫尼设计公司，深总院负责合作方案设计调整及施工图设计和施工配合。2001 年 12 月完成施工图设计，2002 年 7 月建成投入使用。

创新引领

深圳市民中心

SHENZHEN CITIZEN CENTER

01 建设地点
深圳市福田区

02 设计时间
1997

03 竣工时间
2003

04 工程类别
办公建筑

05 结构类型
框架—剪力墙结构

06 占地面积
91000.0m^2

07 总建筑面积
210000.0m^2

08 合作单位
美国李名仪 / 廷丘勒建筑师事务所

09 获奖情况
2009 广东省优秀工程勘察设计二等奖
2009 中国建筑学会建筑创作大奖入围奖
2010 新中国成立 60 周年建筑创作大奖入围奖

项目介绍

市民中心位于深圳市福田中心区的中轴线上，分西、中、东 3 个组团，并用鹰式网架连接成一个组团，是集市政办公、招待、宴会、观众大厅、工业展览厅、档案馆、博物馆等多种功能于一体的综合性建筑。内容丰富，造型独特、鲜明，形似大鹏展翅的巨型屋盖是其重要的组成部分和点睛之笔，是深圳市最为重要的标志性建筑之一。

设计方案为美国李名仪 / 廷丘勒建筑师事务所参加国际招标的中标方案，于 1997—1998 年与深总院合作进行初步设计和施工图设计，并在建设的全过程进行施工配合。工程于 1998 年 12 月奠基，2003 年 10 月竣工。

深圳大梅沙愿望塔

SHENZHEN DAMEISHA WISH TOWER

01 建设地点	02 设计时间	03 竣工时间	04 工程类别
深圳市盐田区	2000	2003	其他
05 结构类型	**06 占地面积**	**07 总建筑面积**	**08 建筑高度**
钢结构	2007.1m^2	2187.2m^2	82.7m

09 合作单位
美国 Gensler 建筑设计事务所

10 获奖情况
2007 广东省优秀建筑设计二等奖

项目介绍

深圳市大梅沙愿望塔是深圳市政府 2000 年的重点工程之一，位于风光旖旎的大梅沙海滨，是整个大梅沙规划的重要组成部分，同时也是大梅沙“愿望 2000 艺术计划”活动的主要载体。平面设计中，选择了等边三角形的塔身平面形式，通过外筒与内筒的组合，使平面像一朵盛放的鲜花，表达了对美好生活的祈愿。外筒最大外围尺寸是 11.0m，内筒为边长 6.6m 的等边三角形。外筒和内筒结构部分各由 9 根 350.0mm × 350.0mm 的方通钢柱组成（共 18 根）。在立面造型上，通过外围钢柱构件本身的组合和构成，在塔的顶部形成了 3 个尖拱券的造型，恰似片片风帆的组合，又似椰树的宽大枝叶，形成塔身优美而丰富的轮廓线，充分体现了海滨旅游特色。整个钢塔造型简洁、优雅、挺拔，强调现代感与雕塑感。

深圳香蜜湖水榭花都一期

SHENZHEN XIANGMI LAKE WATER XIEHUADU PHASE I

01 建设地点
深圳市福田区

02 设计时间
2000

03 竣工时间
2003

04 工程类别
居住建筑

05 结构类型
框架剪力墙结构

06 占地面积
76196.3m^2

07 总建筑面积
50832.0m^2

08 建筑高度
35.0m

09 合作单位
澳大利亚（墨尔本）柏涛设计公司

10 获奖情况
2005 广东省优秀工程设计二等奖
2005 建设部合作设计三等奖

项目介绍

香蜜湖片区历来是深圳人文云集之地，水榭花都用地位于香蜜湖中心区域，与香蜜湖仅一路之隔。得天独厚的地理优势成就了这一香蜜湖地块高档住宅区的先天品质。

会所部分：建筑设计追求整体、舒展轻盈的低层公建效果，运用现代和滨水建筑的处理手法，采用大跨度桁架结构，大量使用钢结构及张拉膜结构。商业与会所、娱乐部分完全分开，节约投资成本，并方便各功能区独立控制。

14 号楼及联排别墅：建筑设计体现当代居住宜居标准，14 号楼一梯二户，每户面积达 220.0m^2，独立空中花园（两层通高）更显霸气，另外拥有大面宽、户户南北通风等高档住宅的特点，是这一时期深圳高档住宅的代表作之一。

3

立足深圳 面向全国

BASED IN SHENZHEN, FACING THE WHOLE COUNTRY

1992—2006

昆明云天化集团总部

KUNMING YUNTIANHUA GROUP HEADQUARTERS

01 建设地点
云南省昆明市

02 设计时间
2001

03 竣工时间
2003

04 工程类别
办公建筑

05 结构类型
钢筋混凝土框架结构

06 占地面积
125999.0m^2

07 总建筑面积
51692.0m^2

08 获奖情况
2005 广东省优秀设计一等奖
2008 中国建筑学会第五届建筑创作奖佳作奖
2010 新中国成立 60 周年建筑创作大奖

项目介绍

项目位于风景秀丽的昆明滇池旅游度假区内，是一个包括办公楼、科技楼、宾馆及住宅区的集团公司总部综合性园区。园区内可南眺西山卧佛，环境优美，交通便利。现已成为滇池旅游度假区重要的标志性景观之一，适合工作与生活。

浮出水面的办公大楼和隐喻“山”造型的科技楼均为简洁现代的建筑造型，通过金属、玻璃的巧妙组合，充分发挥了材料的各自象征意味，使得建筑既尊显高雅，又轻巧通透。宾馆健身区及生活居住区建筑的立面设计，吸取了经典的草原住宅造型元素，宽大的挑檐、平缓的坡顶、有规律的立面划分在光影与材质的对比之中相辅相成，相得益彰。

长沙普瑞温泉酒店

CHANGSHA PRI SPA HOTEL

01 建设地点	02 设计时间	03 竣工时间	04 工程类别
湖南省长沙市	2001	2003	商业建筑

05 结构类型	06 占地面积	07 总建筑面积	08 建筑高度
钢筋混凝土框架结构	12.6hm^2	49411.0m^2	20.8m

09 获奖情况

2007 广东省优秀工程勘察设计二等奖

2008 建设部优秀工程勘察设计三等奖

项目介绍

普瑞温泉酒店（五星级）由宾馆主楼、餐饮会议中心及康乐中心等组成，于 2003 年 11 月竣工，2003 年 12 月正式开业，2004 年获得中国建设工程鲁班奖。

项目总体布局合理，依山就势，形成内外流动的空间效果。建筑造型简洁现代，通过金属、玻璃、石材的巧妙组合，充分发挥了材料的各自象征意味，呈现极富表现力的形象。从大地升起的建筑体量引发回归自然的遐想，宛若天成。

合肥政务文化中心

HEFEI GOVERNMENT AFFAIRS CENTER

01 建设地点	02 设计时间	03 竣工时间	04 工程类别
安徽省合肥市	2002	2005	办公建筑

05 结构类型	06 占地面积	07 总建筑面积	08 建筑高度
框架—核心筒结构	218164.7m^2	178000.0m^2	130.0m

09 获奖情况

2007 广东省优秀工程勘察设计一等奖
2008 全国优秀工程勘察设计银质奖
2008 住房和城乡建设部优秀工程勘察设计一等奖

项目介绍

政务文化中心包括合肥市委、市人大、市政府、市政协四大班子的行政办公、会议、展示中心、接待中心、档案室、停车场、人防指挥中心等，它是合肥市的最高行政机构所在地，也是带领全市人民改革开放、与时俱进，进行社会主义现代化建设的指挥中心。

项目是由两栋主体 32 层的“叶片体”对称式超高层建筑主楼，两组 5 层“双圆心式”中庭式办公建筑裙楼，3 层圆形中庭式会展中心，2 层钻石形 500 人、1000 人大空间式会堂建筑组成。整座建筑为对称式建筑群，其建筑主轴与政务文化中心区主轴相重合，整个平面构成一个完整的圆形。其建筑形式较好地与中心区总体环境协调，发散式的交通组织与城市网络有机结合，使人流、物流、车流组织顺畅、科学、合理，从而强化了中心地位。其立面设计简洁、庄重、大方、得体，通过大裙房、大台阶、大坡道和高技术、个性化的建筑造型，给人以强烈的震撼力与感染力，并通过空间的交错、渗透，以及立面肌理、材料等的对比与变化，创造出一个具有强烈时代特色、反映国家权力机关庄严雄伟气势的政府办公建筑形象。

长春一汽科技情报信息中心

FAW SCIENCE AND TECHNOLOGY INFORMATION CENTER, CHANGCHUN

01 建设地点
吉林省长春市

02 设计时间
2002

03 竣工时间
2005

04 工程类别
办公建筑

05 结构类型
框架—剪力墙

06 占地面积
$35790.8m^2$

07 总建筑面积
$45000.0m^2$

08 建筑高度
55.0m

09 获奖情况
2005 吉林省优秀工程设计二等奖

项目介绍

一汽科技情报信息中心全方位、多角度地诠释了现代建筑技术与一汽企业精神的完美融合，是体现“一汽精神与实力”的新型标志性建筑。

城市设计的响应。充分尊重“一汽”传统的建筑文脉，通过完整、统一、均衡、对称的建筑布局及城市景观设计，设计出与城市肌理对应的建筑作品，使之成为“汽车城”新形象的代表。

使用功能的高效和灵活。注重建筑功能的组织与完善，创造具有深刻文化内涵、全新建筑形象及丰富外部空间的现代化建筑。采用交通核心筒分置两边的布局方式，获得最大化、高效率和灵活性的使用空间。

生态设计概念的引入。结合北方天气寒冷、冬季时间长的气候特点，大胆引入高大中庭“四季厅”空间和生态概念。注重建筑外部空间环境设计，通过别致且富于个性的建筑主体、广场、小品、绿化植物等的方式，营造令人耳目一新的建筑空间氛围。

建筑造型的标志性。建筑风格以表现现代“高技派”为主题，通过建筑语言、符号以及空间、色彩、质感的综合体现，使建筑造型富于感染力，同时注入浓郁的环境特色和文化内涵，体现“一汽”的中国汽车工业重要地位与气魄。

深圳市第三人民医院

SHENZHEN THIRD PEOPLE'S HOSPITAL

01 建设地点	02 设计时间	03 竣工时间	04 工程类别
深圳市龙岗区	2005	2010	医疗建筑
05 结构类型	**06 占地面积**	**07 总建筑面积**	**08 建筑高度**
钢筋混凝土框架结构	100000.0m^2	83399.0m^2	50.0m

09 合作单位

美国 TRO 建筑工程设计公司

10 获奖情况

2012 深圳市优秀工程公建类三等奖

项目介绍

建设基地位于深圳市龙岗区布吉街道李朗立交西南侧，基地整体地势西高东低、北高南低。总建筑面积地上近 8.4 万 m^2。

规划理念是以控制为核心，以科学合理的宏观流程为主线，整合全院功能分区。强调医院各功能区域感染控制的稳定性、适应性。以人为本——为病人、家属、医生、护理人员、技术人员和管理人员提供优良的室内外空间环境。严格按理性的规划结构分区，与传染病医院的科学管理与限制隔离的要求吻合；满足医院日常普通临床医疗的要求，为突发的社会公共卫生事件作好应急预案准备。同时塑造崭新的建筑形象，时代性、地域性与经济性、实用性有机结合。

深圳曦城—别墅·商业区·度假会所

SHENZHEN XI CITY - VILLA, BUSINESS DISTRICT AND HOLIDAY CLUB

01 建设地点
深圳市宝安区

02 设计时间
2006

03 竣工时间
2010

04 工程类别
商业建筑

05 占地面积
68624.3m²

06 总建筑面积
83590.8m²

07 结构类型
钢筋混凝土框架结构

08 建筑高度
24.0m

09 合作单位
美国DDG设计事务所

10 获奖情况
2011 广东省优秀住宅设计二等奖
2011 全国优秀工程勘察设计优秀住宅设计三等奖

项目介绍

项目用地位于深圳市宝安区新安街道办事处与西乡镇交界处，铁岗水库以南、广深高速公路宝安段以北。用地范围内 A012—0071 地块设置幼儿园 3900.0m²，公交车站 100.0m²，商业及旅馆 29400.0m²，会所 5100.0m²，旅馆及小型影院等 10500.0m²。

国防大学综合办公楼

COMPREHENSIVE OFFICE BUILDING OF NATIONAL DEFENSE UNIVERSITY

01 建设地点	02 设计时间	03 竣工时间
北京市海淀区	2005	2007

04 工程类别	05 总建筑面积
办公建筑	38900.0m^2

项目介绍

国防大学综合办公楼位于中国人民解放军国防大学中央广场的中轴线上，是校园内最重要的标志性建筑，也是全军的标志性建筑之一，是建军八十周年的献礼工程。

本案旨在打造集军事建筑、校园建筑、办公建筑于一体的设计思想。立面上简洁、洗练，展现了国防大学庄严、伟岸的气质，犹如“虎踞龙盘”。室内超高的钢结构大厅，气势恢宏，犹如“巨龙长啸”。

深圳地铁车站出入口风亭、残疾人电梯地面以上部分建筑

PART OF BUILDINGS ABOVE THE GROUND AT THE ENTRANCE AND EXIT OF SHENZHEN METRO STATION AND DISABLED ELEVATOR

01 建设地点	02 设计时间	03 竣工时间
深圳市	2003	2004

04 工程类别	05 结构类型
交通建筑	钢结构

项目介绍

项目设计的出入口共有 5 种形式，A 型用于西线，即侨城东站至香蜜湖站；B 型用于东线，即国贸站至科学馆站；C 型拟用于四号线岗厦站以南站点；D 型拟用于市民中心及少年宫站；E 型用于华强路站、罗湖站及皇岗站位于口岸大楼内的出入口。风亭共有 7 种形式，分别用于全线各站点的风井上，其设计在满足环境控制的要求下主要以协调自然环境为主。

出入口设计大体可归为两种造型，A、B、D、E 型的弧线型、轻钢玻璃体结构以及 C 型的长方体、轻钢玻璃加清水混凝土结构。作为功能性的出入口，设计时主要着力于材料的运用及细部的推敲，力求能够轻盈简洁又富时代气息。

回归本原

BACK TO THE BASICS

第三章

2007—2017

设计赋能

DESIGN EMPOWERMENT

1

国际合作
城市地标

INTERNATIONAL COOPERATION, URBAN LANDMARKS

2007—2017

交通銀行
BANK OF COMMUNICATIONS
中国太平
CHINA TAIPING

深港西部通道口岸旅检大楼及其场地建筑

SHENZHEN HONGKONG WESTERN CORRIDOR PORT PASSENGER INSPECTION BUILDING AND ITS SITE BUILDINGS

01 建设地点
深圳市南山区

02 设计时间
2003

03 竣工时间
2007

04 工程类别
办公建筑

05 结构类型
钢筋混凝土
框架结构

06 占地面积
1179000.0m²

07 总建筑面积
153000.0m²

08 建筑高度
34.0m（最高）

09 获奖情况
2009 广东省优秀工程（办公楼学校类）一等奖
2010 中国勘察设计协会建筑工程（中外合作类）二等奖

项目介绍

深港西部通道口岸位于深圳市南山区东角头，后海滨路东侧，东滨路南侧，其东南面紧邻深圳湾，通过深圳湾大桥与香港新界相接，北面通过沙河西路、东滨路与深圳滨海大道及其他城市干道相连。深港西部通道口岸在国内第一次采用深港联合的“一地两检”模式，建成后成为世界上同类口岸中规模最大的现代化、智能化口岸之一。

深港西部通道口岸旅检大楼及周边建筑中，货检区位于口岸的西面及南面，总用地约 117.9hm^2，其中深圳方约 76.3 万 m^2，香港方约 41.6 万 m^2。

深圳中航广场

SHENZHEN AVIC PLAZA

01 建设地点
深圳市福田区

02 设计时间
2006

03 竣工时间
2013

04 工程类别
办公建筑

05 结构类型
型钢框架—钢筋混凝土剪力墙

06 占地面积
17100.0m²

07 总建筑面积
240000.0m²

08 建筑高度
280.0m

09 合作单位
SOM 建筑设计事务所

10 获奖情况
2015 广东省优秀工程公建三等奖

项目介绍

项目塔楼为写字楼和精品住宅，裙楼为大型主题式商场。分成 7 层商场楼面（含地下一层）和 3 层地下停车库，地下一层商场通道直接连接地铁华强路站，地下停车库可同时提供约 1000 个停车位。

深圳证券交易所

SHENZHEN STOCK EXCHANGE

01 建设地点	02 设计时间	03 竣工时间	04 工程类别
深圳市福田区	2007	2013	办公建筑
05 结构类型	**06 占地面积**	**07 总建筑面积**	**08 建筑高度**
筒中筒结构	39100.0m^2	260000.0m^2	245.8m

09 合作单位
荷兰大都会事务所（OMA）

10 获奖情况
2015 广东省优秀工程公建二等奖
2015 全国优秀工程勘察设计奖建筑工程一等奖

项目介绍

项目坐落在深圳商务和行政中心——福田中心区。福田中心区紧邻北面的莲花山和南面的滨河大道，被深圳主要的东西轴线——深南大道分为两部分。新的深圳证券交易所广场也矗立于这条轴线之上，成为服务于中国金融市场的一个崭新的地标项目。

新的深圳证券交易所广场集办公、技术支持、研究、培训、会议于一体，为城市公共服务的综合性大楼。

深圳大运中心体育场

SHENZHEN UNIVERSIADE CENTER STADIUM

01 建设地点
深圳市龙岗区

02 设计时间
2006

03 竣工时间
2010

04 工程类别
体育建筑

05 占地面积
83000.0m^2

06 总建筑面积
135000.0m^2

07 建筑高度
53.0m

08 结构类型
空间折面单层网格结构

09 合作单位
德国 GMP 建筑事务所

10 获奖情况
2013 广东省优秀公共建筑类一等奖
2013 全国优秀工程勘察设计行业奖公建三等奖

项目介绍

深圳大运中心体育场位于龙岗区奥体新城，是 2011 年世界大学生田径运动会的主体育场，总建筑面积 13.5 万 m^2，能容纳 6 万名观众。建筑结构采用单层空间析板体系，结合强透光性能的聚碳酸酯板面材，整体形象仿佛一颗晶莹的水晶石。

佳兆业集团 深圳大运中心总运营商
Universiade SHENZHEN 2011

深圳太平金融大厦

SHENZHEN TAIPING FINANCIAL BUILDING

01 建设地点	02 设计时间	03 竣工时间	04 工程类别
深圳市福田区	2010	2014	办公建筑
05 结构类型	**06 占地面积**	**07 总建筑面积**	**08 建筑高度**
框架—双筒结构	$8056.2m^2$	$126920.0m^2$	228.0m
09 合作单位	**10 获奖情况**		
日建设计	2017 深圳市优秀工程勘察设计公建一等奖		

项目介绍

项目用地位于深圳市福田中心区的北侧，毗邻深圳市市民中心、深圳音乐厅、莲花山公园。地面处于深南大道旁，地下为深圳地铁与京港铁路换乘点。该地块独特的地面、地下交通网更赋予其独特的活力。在方案设计阶段，设计人员就将活力的表达与环境的融合作为方案的重心之一，所以如何将活力与商业氛围完美地结合成为设计人员所面临的问题。而最终的外观正好诠释了这个结合的美妙之处。以庄重、简洁为主题，采用与周边环境相呼应的格子系统。将以城市轴为主线的直角坐标和以公园为中心的极坐标这两个几何学要素引入建筑形体之中。直角面采用玻璃，斜面采用石材，使之拥有分别与城市和自然相呼应的不同材质感。同时，也将公园及周边远眺景观最大程度引入室内。沿着南北轴线移动，从玻璃到石材墙面的变化，使之在拥有安定感和厚重感的同时又产生一些变化，因此充满了活力。400.0m^2 的中庭和 4.2m 跨度的外观格子由“开孔”这样一个相同的设计手法构成。这些封闭的建筑空间通过各种各样尺度的开孔，与周边环境完美地结合在一起。

深圳来福士广场

SHENZHEN RAFFLES PLAZA

01 建设地点
深圳市南山区

02 设计时间
2009

03 竣工时间
2014

04 占地面积
18275.2m²

05 总建筑面积
175899.6m²

06 合作单位
BENOY、华南理工大学建筑设计研究院有限公司

07 获奖情况
2019 广东省工程勘察设计奖建筑工程设计三等奖（中外合作）

项目介绍

深圳市来福士广场项目用地东邻南海大道，南邻登良路，西邻南光路，北邻创业路，用地形状呈带形。为集高档商业、酒店式服务公寓、甲级办公楼于一体的大型综合性项目。

设计赋能

PALACE
LUXE
TASTE
MORE THAN FOOD
UNI
QLO

深圳能源大厦

SHENZHEN ENERGY BUILDING

01 设计地点
深圳市福田区

02 设计时间
2010

03 竣工时间
2017

04 合作单位
BIG 建筑事务所

05 占地面积
6427.7m²

06 总建筑面积
142520.0m²

07 建筑高度
218.0m

08 获奖情况
2019 广东省工程勘察设计奖建筑工程设计一等奖（中外合作）
2021 中国建筑学会建筑设计奖公共建筑一等奖

项目介绍

深圳能源大厦项目坐落于深圳市中心区，位于城市高层建筑轴线的南端，西邻会展中心。深圳能源集团股份有限公司的目标是将总部大厦打造成为深圳中心区独特且体现可持续理念的超高层办公建筑示范项目，希望其成为深圳城市天际线的重要组成部分。

整个项目占地 6427.7m^2，建筑面积 142520.0m^2。新的深圳能源大厦由两栋塔楼和一座裙楼组成，北塔楼高 218.0m，共 41 层，南塔楼高 116.0m，共 19 层，是一座主要功能包括深圳能源集团总部办公、出租办公以及会议中心、餐厅、银行和配套商业等的综合高层写字楼。

为了大厦视线及流线的优化，建筑师在层叠的立面上作了简单的几何形变，折线表皮将大厦的视线旋转了 45°，不仅减小北面对大厦视线的遮挡，同时在建筑的立面产生了涟漪效果，两幢大楼统一采用这一经典外观。几何化的各种变化为入口、视野或特定功能的楼层提供了独特的形象元素。

在建筑公共空间的设计中，除了各种细节功能之外，深圳能源大厦同时具备智能化和生态化的特征。深圳能源大厦已获得美国绿色建筑 LEED 金级认证，国家二星级绿色建筑认证，深圳市绿色建筑金级认证，并被列入全国建筑业绿色施工示范工程。

深圳南方博时基金大厦

SHENZHEN SOUTH BOSHI FUND BUILDING

01 建设地点
深圳市福田区

02 设计时间
2010

03 竣工时间
2018

04 工程类别
办公建筑

05 占地面积
7260.0m^2

06 总建筑面积
100500.0m^2

07 结构类型
框架—核心筒结构

08 建筑高度
约 200.0m

09 合作单位
汉斯·霍莱茵建筑设计公司

10 获奖情况
2021 广东省优秀工程勘察设计奖公共建筑设计二等奖

项目介绍

南方博时基金大厦是南方基金管理股份有限公司与博时基金管理有限公司自建、自用的金融办公大楼，也是国内首栋基金大厦，由深总院与汉斯 · 霍莱茵大师合作设计。该方案寓中国园林的隐喻及想象于建筑之中，在塔楼间分布有 3 个空中花园层，空中花园层又为办公空间营造了不同环境。建筑主体展现了高度的雕塑感，超高层塔楼垂直分布的空中花园与建筑有机地结合在一起，给予了整座建筑非常独特的外观，实现了与众不同的风格和建筑的可持续性。该工程也成为深圳又一地标性建筑。

2

精品住宅到保障房

BOUTIQUE RESIDENCE TO AFFORDABLE HOUSING

2007—2017

深圳东部华侨城“天麓”别墅区

SHENZHEN EAST OVERSEAS CHINESE TOWN “TIANLU” VILLA AREA

01 建设地点
深圳市盐田区

02 设计时间
2005

03 竣工时间
2008

04 工程类别
居住建筑

05 结构类型
框架结构

06 占地面积
191000.0m^2

07 总建筑面积
30000.0m^2

08 建筑高度
7.0—8.0m

09 合作单位
香港许李严建筑师有限公司

10 获奖情况
2009 广东省优秀工程勘察设计二等奖
2010 中国勘察设计协会住宅与住宅小区（中外合作）类二等奖

项目介绍

项目为现代风格别墅区，面积从 250.0—680.0m^2 不等，同时结合不同类型的别墅特点及地势、景观、朝向等因素，力求使住宅户型方正，分区明确，结构合理。最大可能利用基地特有的景观——山、海、园，所有重要的房间均有良好的景观面和景观视线。户型设计都仔细结合山地地形，大部分户型采用下坡式，充分保护现有的山脊和山谷的自然风貌，在保留群山轮廓连续性的同时也自然形成了若干下沉式庭院，扩大了采光面和活动区域。每户结合地形设一个游泳池。

建筑材料采用节能环保材料及当地天然石材、木材。屋顶采用种植屋面，外窗采用双层低辐射 Low-E 玻璃，并且采用了固定或活动式等多功能遮阳系统及导风构件。

深圳天鹅湖花园

SHENZHEN SWAN LAKE GARDEN

01 建设地点
深圳市南山区

02 设计时间
2012

03 竣工时间
2016

04 工程类别
居住建筑

05 占地面积
61165.1m²

06 总建筑面积
230956.0m²

07 合作单位
深圳市立方建筑设计顾问有限公司

08 获奖情况
2018 深圳市优秀工程勘察设计住宅一等奖

项目介绍

天鹅湖花园项目位于深圳华侨城北部，以 40000.0m^2 天鹅湖为核心，北临侨香路，南侧隔湖，可与欢乐谷及燕晗山相望，西邻天鹅堡高端住宅区，东面现状为华中电厂。建设方根据项目所处的优越地理位置，拟将其打造成高端城市住宅。在满足相关规范前提下，充分整合其区域内各种有利资源，以自然条件、历史文脉及时尚元素为载体，塑造华侨城北门户的整体形象，使其成为华侨城北区的标志，深圳新的区域地标。

天鹅湖花园分两期开发，一期总用地面积 29340.0m^2，包含 3 栋住宅楼及 3 层地下室。A 栋为 37 层，一层为架空层，层高为 9.9m，二层以上均为双层高复式住宅，奇、偶数层错层作为入户楼层，层高 3.3m，建筑高度 129.3m。B、C 栋为 32—42 层，一层为架空层，层高为 9.9m，二层以上为大户型住宅，层高 3.3—3.6m，建筑高度 113—146m。二期总用地面积 31825.1m^2，包含两栋住宅楼、一栋低层幼儿园及三层地下室。D、E 栋为 40—43 层，建筑高度 139.4—149.3m。F 栋为 12 班幼儿园。

所有户型内部设计均以打造顶级住宅为目的，户型布局、公共入户空间、服务空间的设计均有极大的创新，能很好地满足规范关于日照、通风、采光的要求，带给住户全新的高端居住体验，为深圳设计之都在住宅设计方面增添亮丽的一笔。建筑立面选择了现代建筑风格，首先从大的体块关系方面将几栋楼作为整体考虑，通过对外墙体、门窗、顶部造型及色块处理，形成立面的体块、线、面逻辑关系，同时在材料、色彩上与周边项目呼应，塑造整体的城市片区意向。

深圳博林天瑞花园

SHENZHEN BOLIN TIANRUI GARDEN

01 建设地点	02 设计时间	03 竣工时间	04 工程类别
深圳市南山区	2012	2016	居住建筑

05 占地面积	06 总建筑面积	07 获奖情况
50080.4m^2	334400.0m^2	2017 广东省优秀工程勘察设计奖住宅与住宅小区三等奖

项目介绍

博林天瑞花园地处深圳市南山区，位于留仙大道北侧，地铁龙华线沿线，背靠西丽大学城，面向塘朗山，有丰富的自然景观和人文资源。

在项目规划中以中央花园为中心，沿小区北侧布置超高层住宅，形成单排半围合关系，塔楼的布置上实现用地东西向而住宅朝东南、西南向，做到每户南北通透、视野开阔，同时屏蔽噪声污染、遮挡西晒。所有住宅高度控制在 150.0m 以内，单排布置，无任何景观视线的遮挡，形成舒适、宽松的小区内环境。

商业沿南侧留仙大道辅道布置，采用阶梯形式解决高差问题，同时利用内外高差，将商业人流活动面抬高到加油站以上，将加油站对小区的影响降到最低。

幼儿园位于小区用地内的西北侧，占据较好的地理位置，拥有极佳的日照条件，满足生活用房冬至日满窗日照 3 小时标准，活动场地均有良好日照，同时远离城市主干道，能够避免社会车辆流线与幼儿园流线交叉的问题。

珠海诺德

ZHUHAI NORD

01 建设地点	02 设计时间	03 竣工时间	04 工程类别
珠海市拱北区	2014	2019	居住建筑

05 占地面积	06 总建筑面积	07 获奖情况
32181.3m^2	157937.6m^2	2019 广东省优秀工程勘察设计奖二等奖

项目介绍

项目的建筑设计理念旨在生态舒适的人居环境、新技术和现代美学的完美融合，在设计上充分体现科技感和文化品位，最终达到文化、技术、生态的和谐共生、共同发展。建筑融入城市肌理、协调周边环境，同时又是城市中的景观点，体现出鲜明的形象特征和建筑个性。

小区主出入口位于白石路，车行出入口位于南侧规划路和西侧规划路，共有 3 个地下车库出入口连接地上和地下交通。6 栋楼围城一个中心大花园，底层架空，花园中心为泳池。6 幢建筑单体共 8 个单元，建筑高度为 65.6—119.5m，所有户型均满足珠海日照要求，每一栋楼都是量身定制，确保有良好的景观和朝向。住宅立面体现国际范，现代简约、高端大气，外墙材料为铝合金、中空玻璃、铝百叶、石漆涂料。

充分考虑周边自然环境，力图使基地内外景观相互渗透，相互协调。主入口设置景观广场，作为重要的景观节点之一，室内外铺装采用高档材质。设计以营造多层次的绿化景观空间和观景空间为目标，主体与周边环境、空间相互渗透。通过对地面广场绿化及水系、裙楼屋面绿化及塔楼屋顶空中绿化的处理，营造全方位的景观空间和观景空间，从而形成独具特色和个性化的互动共享空间，进一步体现观景建筑和景观建筑的定位和目标。

深圳博林君瑞花园

SHENZHEN BOLIN JUNRUI GARDEN

01 建设地点
深圳市宝安区

02 设计时间
2015

03 竣工时间
2019

04 工程类别
居住建筑

05 结构类型
框架结构

06 总建筑面积
193000.0 m^2

07 获奖情况
2020 深圳市优秀工程勘察设计住宅一等奖

项目介绍

项目秉承“以人为本”的设计理念，努力打造功能布局合理、绿化、生态、节能的高档住宅小区，同时满足国家“90.0m^2 以下户型面积占总住宅面积的比例不小于 70%”的规定，为城市工薪阶层提供舒适的居住场所。

项目总用地面积为 45171.6m^2，用地呈不规则矩形，场地北低南高，地形内标高在 3.5—5.0m。地块由 6 栋 33 层的高层住宅、1 栋 3 层的幼儿园和沿街商业组成。

项目由南北两个地块组成，主要建筑形态以住宅及街区式体验型商业街为主。集商业、住宅功能于一体；建筑采用“分散的商业裙房 + 住宅塔楼”的方式布局，打造“商业 + 生活”综合社区。北地块组团由一栋高层住宅与商业裙房组成。结合西北角道路交叉口设置商业入口广场及地下商业广场，将人流上下分层解决，同时在北地块西南角设置下沉广场与南地块相连，将两个地块商业形态整合到一起。南地块组团由商业裙房、5 栋 33 层住宅塔楼及幼儿园组成。

住宅塔楼在布局上充分考虑了景观、朝向与自然通风条件，在平面上采用了空中合院式布局，其中 2、3、4 号楼为东南朝向，5、6 号楼为西南朝向，在视线上错开，实现住宅景观最大化。南地块商业在西北角设置下沉广场与北地块地下商业相连，延续北地块商业界面。

建筑塔楼立面利用“纵向 + 横向”的线条来增强高层建筑标志性视觉高度。商业部分近人尺度的建筑造型采用拼贴的设计手法，同时在一些节点部位加入风情化设计元素，新颖别致，细腻而又极具神韵。在建筑材料上遵循简洁、明快、大方的设计原则，大胆运用新型建筑立面材料与建筑技术，突出建筑的风格特征。

3

新医疗建筑崛起

THE RISE OF NEW MEDICAL BUILDINGS

2007—2017

深圳市儿
Shenzhen
深圳市儿童医院
B楼

张家港市第一人民医院

THE FIRST PEOPLE'S HOSPITAL OF ZHANG JIAGANG

01 建设地点	02 设计时间	03 竣工时间	04 工程类别
江苏省张家港市	2002	2007	医疗建筑

05 结构类型	06 占地面积	07 总建筑面积	08 建筑高度
钢筋混凝土框架结构	99000.0m^2	77000.0m^2	61.2m

09 获奖情况

2009 广东省优秀工程勘察设计奖二等奖
2010 中国勘察设计协会建筑工程类三等奖
2011 中国建筑学会第六届创作大奖
2011 中国土木工程詹天佑奖优秀科技奖

项目介绍

张家港市第一人民医院是该市的医疗、急救、医学和科研中心。方案结合地形条件，以集中式的圆形建筑为基本母题，将门诊、急诊、医技、住院、行政办公、科研教学等功能有机结合在一起，营造现代化的“医院城”，并通过高效、便捷、宽敞的“医院街”联系各个部分，有效缩短了患者的就诊路线和医疗流程。项目通过形式丰富的庭院、灰空间及生态屋顶的设计，创造了全新风格的现代化绿色医院。

香港大学深圳医院

SHENZHEN HOSPITAL OF THE UNIVERSITY OF HONG KONG

01 建设地点
深圳市福田区

02 设计时间
2007

03 工程类别
医疗建筑

04 结构类型
钢筋混凝土框架结构

05 占地面积
192001.8m²

06 总建筑面积
298400.0m²

07 建筑高度
30.0m

08 合作单位
美国 TRO 建筑工程设计公司

09 获奖情况
2015 广东省优秀工程公建一等奖
2015 全国优秀工程勘察设计奖建筑工程一等奖
2021 中国建筑学会建筑设计奖公共建筑一等奖

项目介绍

香港大学深圳医院能够满足深圳、香港及澳门地区的基本医疗服务和高端医疗服务需求，是具有医学科研、医学教育和远程医疗功能的现代化、数字化、综合性三级甲等医院。

港大学深圳医院

深圳市龙岗区中医院

SHENZHEN LONGGANG HOSPITAL OF TRADITIONAL CHINESE MEDICINE

01 建设地点	02 设计时间	03 竣工时间
深圳市龙岗区	2008	2011
04 工程类别	**05 占地面积**	**06 总建筑面积**
医疗建筑	57293.0m^2	87495.0m^2

项目介绍

深圳市龙岗区中医院位于龙岗体育新城清辉路北侧，2011 年作为深圳世界大学生运动会的配套医院使用。基地约有 1/3 的用地为城中村所占据，由于不能及时拆迁，设计和施工带来一定的局限性。基于现状与医院内在的流线要求，规划在场地东侧形成医疗区：门诊、医技、住院及垃圾处理站、污水处理站；在场地西侧形成后勤辅助区：行政办公、制剂、员工宿舍、餐厅、库房。医疗区相对分散布置，呈反转的“L”形。先行建设区退让出城中村占据的位置，规避了拆迁所带来的矛盾；相对分散的医疗区格局有利于建筑的自然采光与通风。建筑群落整体坐北朝南，主入口沿阁荔路设置，在清辉路上设置辅助入口，于东侧规划路上设置污物出口，做到洁污分流、人车分流。

设计追求东方情愫与传统意象，在空间塑造与造型语汇上摒弃仿古建筑的模式，使用现代材料，运用院落空间与传统符号塑造出反映中国传统文化与中医文化的建筑空间与形象。建筑总体布局反映传统建筑的特质，在边界完整清晰的表象下，形成多个不同的、内敛安静的院落空间，在适应地域气候特点的同时提供给患者与工作人员优美的景观环境。单体建筑自下而上为三段式划分，屋顶运用金属板呈现出传统建筑的檐口形象，屋身运用黑白灰的色彩，与院落空间一起呈现出传统建筑和文化的印象。

“L”形的医疗区与“一”字形的后勤辅助区围合形成患者与工作人员共同使用的中心庭院，它与北部的预留用地一起为医院的未来提供了发展空间。

深圳市儿童医院（改扩建）

SHENZHEN CHILDREN'S HOSPITAL RENOVATION AND EXPANSION

01 建设地点
深圳市福田区

02 设计时间
2007

03 竣工时间
2012

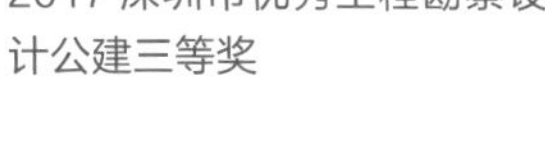

04 工程类别
医疗建筑

05 总建筑面积
103000.0m^2

06 建筑高度
59.6m

07 获奖情况
2017 深圳市优秀工程勘察设计公建三等奖

项目介绍

深圳市儿童医院是深圳市卫生局直接领导下的一所集医疗、科研、教学于一体的现代化儿科综合医院，担负着深圳经济特区及周边地区儿童的医疗保健任务，是深圳市儿科医疗、急救中心。新建住院医疗大楼（含教学、保健、医技、手术中心等功能用房）及大型地下停车场工程，建设总规模为 450 张病床（现有 350 床，项目建成后医院总病床数为 800 床），总建筑面积 103000.0m²（其中地上 55000.0m²，地下 48000.0m²），主体大楼 14 层，平面呈蝴蝶形，与原有的蝴蝶形建筑协调与呼应，成为极富童趣与浪漫色彩的“两只蝴蝶”！

安徽医科大学第二附属医院

THE SECOND AFFILIATED HOSPITAL OF ANHUI MEDICAL UNIVERSITY

01 建设地点
安徽省合肥市

02 设计时间
2003

03 竣工时间
2008

04 工程类别
医疗建筑

05 结构类型
框架—剪力墙结构

06 占地面积
116535.0m²

07 总建筑面积
140000.0m²

08 建筑高度
86.2m

09 获奖情况
2013 中国建筑学会中国建筑设计（建筑创作）金奖
2019 中国建筑学会建筑创作奖建筑创作大奖（2009—2019）

项目介绍

安徽医科大学第二附属医院是经政府有关部门批准，为满足合肥经济技术开发区医疗服务需求建设的全新的大型综合性教学医院。它要求“高起点规划、高水平设计、高标准建设，力争建设成为一个国内一流的现代化教学医院”。该工程位于合肥经济技术开发区，北邻312国道，西邻翡翠路，南邻芙蓉路，东邻叠嶂路，紧邻两条城市主干道，交通十分便利。根据院区总体规划，由北至南依次划分为生活区、教学区、医疗区。

4

办公建筑

OFFICE BUILDING

2007—2017

京郵電大學

合肥要素大市场

HEFEI FACTOR MARKET

01 建设地点
安徽省合肥市

02 设计时间
2009

03 竣工时间
2013

04 工程类别
办公建筑

05 占地面积
$81368.9m^2$

06 总建筑面积
$215099.0m^2$

07 建筑高度
34.9m

08 获奖情况
2017 广东省优秀工程勘察设计奖公共建筑二等奖
2017 全国优秀工程勘察设计奖建筑工程二等奖

项目介绍

合肥要素大市场位于合肥市滨湖新区，是一个集政府办公、其他办公、餐饮及商业的大型综合建筑体。场地东邻徽州大道，西临玉龙路，北至扬子江路，南至南京路。其建筑方案秉承“高效、生态、现代、经济”的设计宗旨，打造安徽最活跃的生产要素大市场；塑造合肥滨湖新区地标性建筑群；建造生产要素市场为主、商业配套齐全的交易市场；率先创造综合多元化、集约高效的土地利用模式；充分利用会展经济营造资源共享的交易市场环境。在总图设计上以完美纯粹的四边几何形体为主基调与基地协调，通过建筑立面的层层出挑，形成具有中国建筑斗栱特色的造型。中正、理性、纯粹、富有逻辑性和秩序感的整体形式与其建筑的职能属性相吻合，建筑造型反映了锐意创新的精神，丰富了城市界面。

中国银行股份有限公司安徽省分行新营业办公楼

BANK OF CHINA LIMITED ANHUI BRANCH NEW BUSINESS OFFICE BUILDING

01 建设地点
安徽省合肥市

02 设计时间
2010

03 竣工时间
2016

04 工程类别
办公建筑

05 结构类型
框架—剪力墙结构

06 占地面积
30787.5m^2

07 总建筑面积
91544.9m^2

08 获奖情况
2019 广东省优秀工程勘察设计奖建筑工程三等奖

项目介绍

项目是集办公、营业、会议、接待、企业展示于一体的高标准、现代化办公建筑综合体，位于滨湖新区门户位置，庐州大道以东，云谷路北侧，交通便利，位置重要。

用地位于滨湖新区中心位置，西邻金斗公园，南靠街心公园，远眺巢湖，核心景观蜿蜒环绕，景观资源优厚。通过对基地及周边城市环境的深入解析，设计沿西、南主干道设置高层塔楼，以展示最佳的建筑形象。主体建筑向北适当退让，形成主入口广场，减少对城市的压迫，且能有效避免干道交通的不利影响。营业营销部门沿云谷路及东面商业区展开，餐饮会议等后勤配套设施则独立设置于基地东北角，并通过公共展示门厅与主体建筑连接。三者围合景观庭院，并与塔楼有机结合，在巧妙呼应新区城市肌理的同时，创造出独特的、极富地域特色的城市空间体验。

设计强调功能流线与空间形态的高度统一。办公塔楼位于场地西侧，营业及会议后勤分列南北，城市人流由西、南、东面进入场地，机动车则主要由北侧道路进入。塔楼主入口设置于建筑南侧，自入口广场拾级而上进入办公大堂。普通机动车由北向汉水路进入基地，并通过各自流线抵达地下车库或相关区域。建筑内部广场的适当抬高，最大限度地实现了人车分流。金库独立设置于营业厅地下部分，并设独立运钞车停车位及出入口，便捷安全。

塔楼采用竖向石材分割及节能玻璃幕墙，更显得高耸挺拔。简洁的形体、硬朗的线条，折射出理性稳重。建筑顶部形态取意于“中正大气，海纳百川”。矩形洞口稳重有力，简洁独特，暗合中正之意。裙楼立面采用有序的柱廊形式，达到室内外空间自然过渡，通透的共享大厅则与裙楼主体形成强烈的虚实对比。内庭院部分为使用者提供“内外皆景，满目山林”的独特空间体验。穿过宏伟的入口广场，经过挺拔的主体建筑，内部自然围合的庭院跃入眼帘。结构柱网布置规整，高层塔楼将辅助功能集中于核心筒内，为空间灵活分隔提供无限可能。

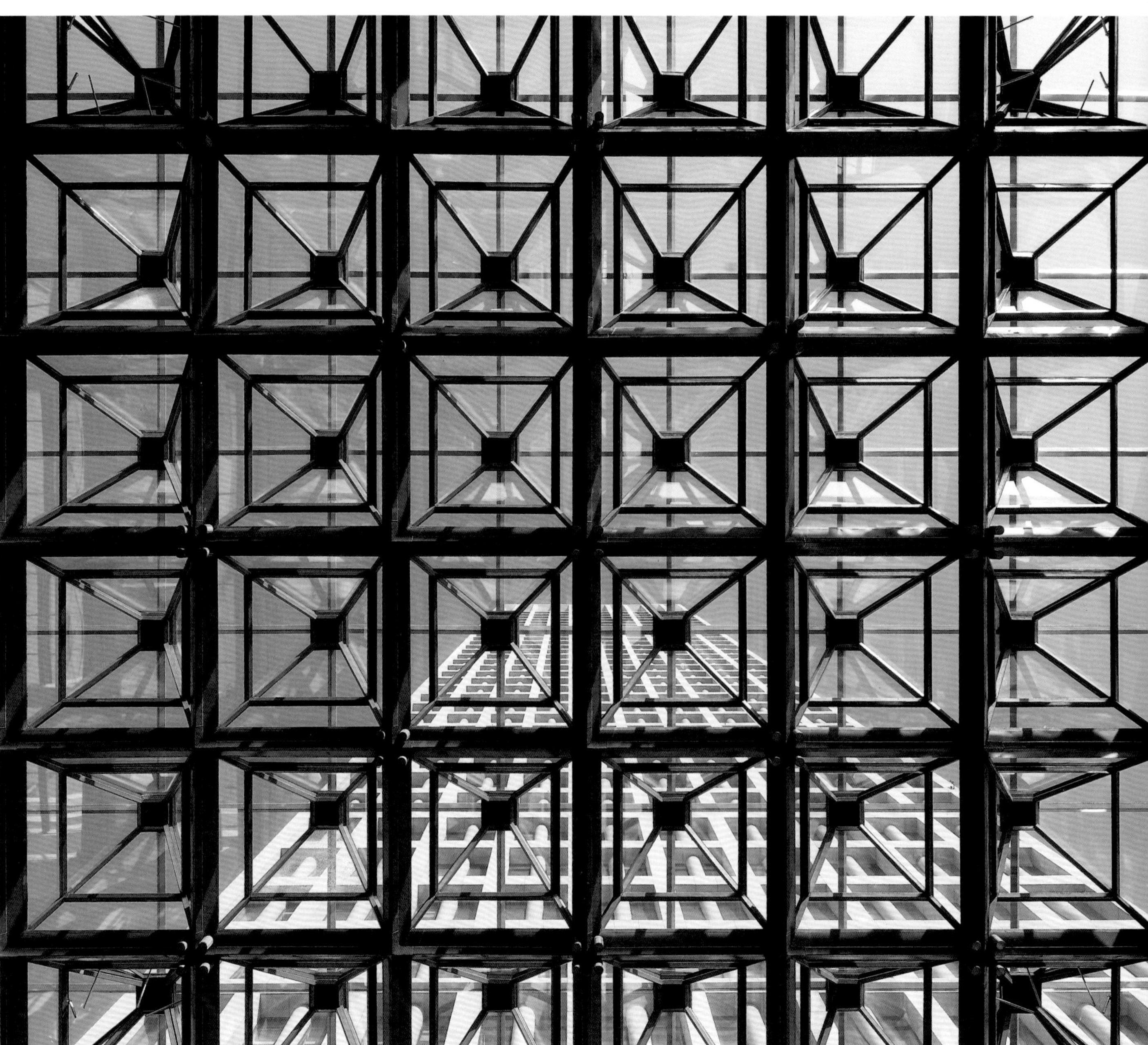

中国移动深圳信息大厦

CHINA MOBILE SHENZHEN INFORMATION BUILDING

01 建设地点
深圳市福田区

02 设计时间
2010

03 竣工时间
2016

04 工程类别
办公建筑

05 占地面积
5630.7m^2

06 总建筑面积
100000.0m^2

07 结构类型
型钢混凝土框架—核心筒结构

08 合作单位
美国沃克建筑设计有限公司

09 获奖情况
2017 深圳市优秀工程勘察设计公建一等奖

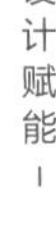

项目介绍

项目定位为甲级办公楼，总建筑面积 100000.0m^2。地上 80000.0m^2（计容积率），地下 20000.0m^2。建筑的体量是根据它的周围环境与因素来设计的，方正的体形简洁实用。敦厚、大气的体型，节节高升的韵律，与周围环境和谐共生。立面钻石般的竖向线条似连非连，表征无线通信的信息流概念。使大厦远观有清晰简明的轮廓，近观又有丰富的肌理层次。

源于对全球气候变暖、环境恶化的强烈关注，除满足空间使用功能外，我们设计了高效太阳能功能立面，建筑西、南两面太阳能板可安装面积达 800.0m^2，用清洁能源为地下车库照明等提供电力。深圳拥有丰富的太阳能资源，但利用率较低，高层建筑屋顶面积小，将太阳能板作为建筑的立面元素，如果垂直于地面，太阳能板效能只能发挥 5%—10%，因此，建筑师运用“折纸”的手法，迎合深圳的太阳角度，采用最高效能的 32° 倾角，既创造了独特的外观，又实现了太阳能的高效转化和室内遮阳。同时，外倾的玻璃幕墙单元，一层通高，面宽 2.0m，获得了室内广阔的景观视野，竖向线条与幕墙形成的宝石切割面散发着光芒，实现生态美学，创造个性化立面，形成标志性建筑。

交通银行合肥金融服务中心

BANK OF COMMUNICATIONS FINANCIAL SERVICE HEFEI CENTER

01 建设地点
安徽省合肥市

02 设计时间
2011

03 竣工时间
2017

04 工程类别
办公建筑

05 占地面积
80000.0m^2

06 总建筑面积
177156.5m^2

07 获奖情况
2019 广东省工程勘察设计奖建筑工程三等奖

项目介绍

项目位于合肥市滨湖新区主干道徽州大道与嘉陵江路交叉口西北侧，距市中心约 14.5km，至巢湖 3.5km， 属于合肥市滨湖新区金融服务中心范围内。本工程属于 BH2012-02 地块，东至徽州大道，西至西藏路，南至嘉陵江路，北侧为其他项目建设用地，地理位置优越。

规划契合场地特征，将各期建筑自由而均衡地布置在用地东西长轴的两侧，建筑围合的大尺度中心庭院一直延续至城市绿化带。先期建设的两期之间的绿化广场与中心庭院交融在一起，园区内外空间过渡，使得人与环境相依相附、和谐共生，同时合理利用场地地形，南北侧正负零标高依据原地形合理布局。

规划运用一个高效合理的公共平台层连接各个功能区块，高效清晰地处理各种流线导向，丰富公共空间层次。园区道路布置于园区外围，沿道路设置生态停车位，方便入园车辆的临时停放。

规划在空间秩序的营造上，强调了自由而理性的现代精神，避免简单刻板的公共空间，充分体现交通银行富有朝气的时代特征。严格理性的规划也体现了交通银行契合滨湖新区城市肌理逻辑性。在整体空间布局上营造开放性动态空间，形成标志性建筑，生态立体化布局与技术节能相结合。

绍兴市新行政中心

SHAOXING NEW ADMINISTRATIVE CENTER

01 建设地点
浙江省绍兴市

02 设计时间
2011

03 竣工时间
2018

04 工程类别
办公建筑

05 占地面积
91425.8m^2

06 总建筑面积
176313.2m^2

07 合作单位
浙江联合建工设计研究院有限公司

08 获奖情况
2020 深圳市优秀工程勘察设计公建三等奖

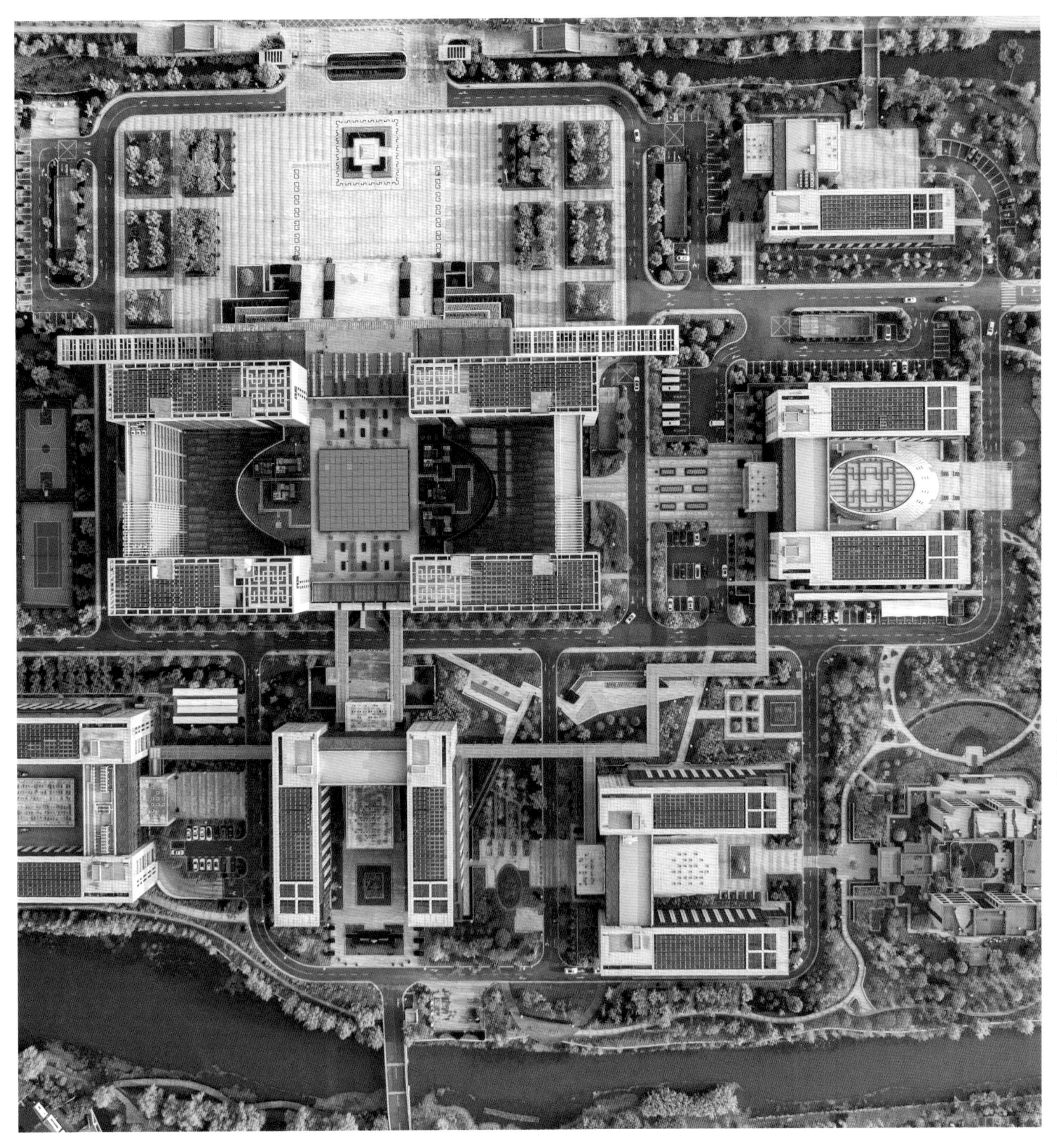

项目介绍

项目位于绍兴市镜湖新区湿地公园的大环境中，镜湖湿地的地貌天然形成，因河水冲刷形成了无数块不规则形态，地貌形态流畅自然，错落有致。设计充分尊重和考虑已有的地貌肌理，使建筑与环境有机结合，和谐共生，重点体现亲民开放、庄重大方、经济实用、绿色生态的现代化行政中心。

建筑单体的空间布局因景观的要素自然形成“U”形模式，“U”形面朝景观开放空间，使建筑与自然的对话简单而直接，与东西景观与河道形成交流、互动，尺度适宜、环境清雅，建筑沿河流景观架空、跌落处理，形成多层次绿化景观平台，将生态引入建筑内部。“U”形体块不仅将办公的界面最大化朝向景观，而且形成自己的庭院空间，架空的侧廊使内外景观相得益彰。

深圳嘉里建设广场二期

SHENZHEN KERRY PROPERTIES PLAZA PHASE II

01 建设地点
深圳市福田区

02 设计时间
2007

03 竣工时间
2011

04 项目类别
办公建筑

05 占地面积
7900.8m²

06 总建筑面积
103471.0m²

07 获奖情况
2013 广东省工程勘察设计行业协会优秀工程（学校、办公楼类）二等奖
2013 全国优秀工程勘察设计行业奖公建三等奖

皇庭
金中环

深圳海岸环庆大厦

SHENZHEN COASTAL HUANQING BUILDING

01 建设地点	02 设计时间	03 竣工时间	04 工程类别
深圳市福田区	2011	2016	办公建筑

05 占地面积	06 总建筑面积	07 获奖情况
7343.1m²	103648.7m²	2020 深圳市优秀工程勘察设计公建二等奖

深圳北邮科技大厦

SHENZHEN BEIYOU SCIENCE AND TECHNOLOGY BUILDING

01 建设地点	02 设计时间	03 竣工时间
深圳市南山区	2016	2020

04 工程类别	05 占地面积	06 总建筑面积
办公建筑	33133.9m²	30249.6m²

项目介绍

项目位于深圳市南山区白石路与高新南环路交会处，紧邻规划的高新南环路区域道路。项目用地东西方向约 48.0m，南北方向约 65.0m。项目计规定容积率面积 30249.6m^2，其中：研发用房 27649.6m^2，食堂 1500.0m^2，商业 1000.0m^2，物业管理用房 100.0m^2；不计容积率面积 9029.0m^2，均为地下室，功能包括车库及设备用房等。

项目旨在打造一个高效率、花园式、高品质的现代化办公大楼，为了实现高标准的办公园区，打造更加绿色、开放的办公氛围，提供人们日常工作、休憩、交流的办公场所，同时追求更加高效的非正式交流空间，实现优美宜人的现代化高端办公环境。此外，项目还展现开放、创新的精神，展示北京邮电大学以信息科技为特色、面向未来的前瞻精神。

项目注重建筑与城市交流的同时结合科技企业的办公需求，以创新的方式提供既高效、简洁又能南北通风的大平面办公空间。结合城市竖向交通优化，把商业群房空间作了整合梳理。交通上将楼梯设置于中区，将核心筒外“较薄”的空间作为竖向交通，兼顾东西上下，比较好地解决了东西平衡的问题。商业整合后北立面形成东西两个体量，之间以活跃的室外楼梯连接，整体更加简洁时尚，和塔楼的体量关系也更加协调。核心筒的基本平面布局保证了研究工作的所需深度，但同时也为将来可能的办公用途留有余地。所有楼层的办公区均与双层的公共阳台相通，公共阳台为半公众区域，员工可以在这里休息、交流与沟通，为商务活动及科研工作提供了良好的环境。

深圳水贝国际珠宝中心

SHENZHEN SHUIBEI INTERNATIONAL JEWELRY CENTER

01 建设地点
深圳市罗湖区

02 设计时间
2014

03 竣工时间
2019

04 工程类别
办公建筑

05 占地面积
6988.2m²

06 总建筑面积
88221.1m²

07 合作单位
凯达环球建筑设计咨询有限公司（Aedas）

08 获奖情况
2021 广东省优秀工程勘察设计奖公共建筑设计二等奖

项目介绍

项目整体造型源自中国传统文化图腾之“竹”，取其品行高洁之意。小型商业服务设施裙楼的中庭挑空，取竹之美德——“中空而富学”；塔楼分南北两部分，体量层层升高递进，又形似竹节生长的蓬勃形态，寓意节节高升、蓬勃向上、坚韧不拔的企业精神。建筑西侧为洪湖公园，为大片城市公共绿地。本案在塔楼中部设多层空中花园，能够把周边的绿色引入建筑基地之中，同时呼应“竹”的意向，形成饱含生机的“绿色竹节”。基地毗邻布心路和文锦北路交叉口，西北处邻洪湖立交。超高层塔楼布置考虑到城市天际线，设置在邻近立交的西侧位置，是水贝地区入口处闪亮的一张区域名片，象征着整个地区蓬勃的生命力。

立面材料选择上，裙房部分采用铝合金板，结合流动的线条，塑造出动感、现代的观感体验；塔楼立面采用 Low-E 玻璃，与裙房部分形成鲜明的材质对比。整体建筑有流动线条的裙房，有挺拔耸立的塔楼，有浓郁现代气息的超高层塔楼，也有其中不可多得的“一抹新绿”，形成多元但有机统一的建筑形体。这样的独特设计也使其成为水贝地区的标志性建筑，成为重要的人流节点。

项目采用现浇钢筋混凝土框架—核心筒结构，为减小底部楼层柱截面尺寸，增大使用率，提高结构在罕遇地震作用下的抗震能力，在塔楼范围外框柱 11 层以下采用型钢混凝土柱，楼盖体系均采用现浇钢筋混凝土梁板结构。同时为满足建筑要求，裙楼水平方向凸出塔楼部分与塔楼之间未设置竖向抗震缝，将塔楼和裙楼按一个整体结构进行计算分析。

佛山移动信息大厦

FOSHAN MOBILE INFORMATION BUILDING

01 建设地点
佛山市南海区

02 设计时间
2014

03 竣工时间
2018

04 工程类别
办公建筑

05 占地面积
6258.5m^2

06 总建筑面积
67207.4m^2

项目介绍

佛山移动信息大厦（一期）位于佛山东平新城 B-03-08 地块，一期项目用地面积 6258.5m^2，总建筑面积 67207.4m^2，建筑高度 99.5m，地上 23 层，地下 2 层。项目建成后作为中国移动佛山分公司生产调度使用。项目主要由生产运营中心、业务合作中心、业务展示中心、网络监控中心、辅助服务设施、地下车库区等组成。

规划。主要车行入口位于用地北侧的君兰南二路，人行出入口位于岭南大道及富华路，人车分流。其中，营业厅及展示厅入口设于岭南大道与富华路的交叉口，内部办公入口设于生产调度中心大楼的西北侧，后勤出入口位于建筑的北侧。主楼、副楼共同围合出一个内向的景观庭院，环绕建筑设道路和绿化，庭院内部营造出安静、优美的工作环境。

设计总体目标。“绿色发展、更上台阶”为设计创意概念，从绿色节能设计策略出发，高层建筑裙房及其塔楼由南向北逐级抬升的体量，层次丰富的屋面绿化空间，东西朝向整体的竖向遮阳板，形成端庄大气、现代化、绿色环保的建筑形象，使大楼在呼应周边环境、生态环保、高质实用同时，充分展现建筑个性，寓意移动公司快速发展、更上台阶。

5

文博魅力 不断探索

THE CHARM OF WENBO CONTINUES TO EXPLORE

2007—2017

玉树州地震遗址纪念馆

YUSHU EARTHQUAKE SITE MEMORIAL HALL

01 建设地点
青海省玉树州

02 设计时间
2010

03 竣工时间
2013

04 工程类别
博览建筑

05 占地面积
6836.0m^2

06 总建筑面积
2998.0m^2

07 结构形式
框架—剪力墙结构

08 获奖情况
2014 中国建筑学会建筑创作奖金奖（公共建筑类）
2019 广东省工程勘察设计奖建筑工程一等奖
2019 行业优秀勘察设计奖优秀（公共）建筑设计一等奖
2009—2019 中国建筑学会建筑创作奖建筑创作大奖

项目介绍

贯穿场地的“裂痕”作为采光缝限定出遗址保护范围，同时建立起遗址与地下展厅的视觉联系。新旧建筑“一隐一显”，两者之间围合成的广场不仅是举行仪式集会的纪念性场所，更成为人们进出玉树及日常转经路线的重要组成部分。纪念馆主体为地上 1 层、地下 2 层建筑，由纪念墙体、祈福庭及展厅组成。用毛石砌筑而成的纪念墙体长 106.0m，沿大地水平展开的收分体量显得十分厚重，既有强烈的纪念性，又传递出浓郁的藏族特色。当人们从地面纪念墙体进入建筑内部，随预设的空间序列缓缓走进中央的祈福庭，内聚的圆形空间、环绕的壁龛矩阵试图唤起观者内心的精神共鸣。在地下二层的展厅能透过下沉庭院仰望地震遗址，最大程度地向观者展示地震破坏的痕迹，同时展厅内跌宕起伏的吊顶和崎岖不平的地面无不运用建筑语言诉说着地震的破坏力。

渡江战役纪念馆

MEMORIAL HALL OF THE BATTLE OF CROSSING THE RIVER

01 建设地点
安徽省合肥市

02 设计时间
2007

03 竣工时间
2012

04 占地面积
15452.0m^2

05 总建筑面积
14711.0m^2

06 获奖情况
2013 中国建筑设计金奖
2015 全国优秀工程勘察设计行业奖建筑工程一等奖
2009—2019 中国建筑学会建筑设计奖建筑创作大奖

项目介绍

渡江战役纪念馆位于中国安徽合肥的巢湖北岸，整个纪念园占地约 2.9 万 m^2，建筑占地面积约 1.5 万 m^2，其中纪念馆为园区的核心部分。渡江战役纪念馆是为纪念中国解放战争中跨江统一全中国的重要战役所建造的建筑，该纪念馆以“渡江”“胜利”为主题，以简约、象形的表现主义手法表达主题思想，巨大的前倾三角形实体展现出一种势不可挡的力度与动感，从而营造“渡江”与“胜利”的氛围与场所感。设计在两块巨大三角实体中间空留出一条 6.0m 宽的“时空”隧道，将当今与历史贯通在一起，人们通过“渡”与“登”的行为动作体验与感受战争、胜利的隐喻。纪念馆两块巨大的纪念体犹如巨碑默默地向后人示意与陈述，以一种崇高的人文精神、包容态度客观地追忆过往、回顾过去、启迪后人追求和平与进步。

吉林省图书馆新馆

THE NEW LIBRARY OF JILIN PROVINCE

01 建设地点	02 设计时间	03 竣工时间
吉林省长春市	2011	2014
04 工程类别	**05 占地面积**	**06 总建筑面积**
博览建筑	107000.0m^2	52000.0m^2

项目介绍

吉林省图书馆新馆总建筑面积约 5.2 万 m^2，设计藏书量为 800 万册，是东北地区规模最大的全开架式信息化图书馆。

设计顺应东北地区气候，以“宝籍层叠”的设计寓意为切入点，营造简洁、内敛，平实的空间氛围满足新一代图书馆开放、多元、共享的功能需求。项目自建成以来，不仅满足了传统图书馆的借阅功能，也成为当地市民公共活动的聚集地，实现了让建筑回归生活的设计初衷。

2010 年上海世博会意大利馆

SHANGHAI WORLD EXPO ITALY PAVILION 2010

01 建设地点
上海市浦东区

02 设计时间
2007

03 竣工时间
2010

04 工程类别
博览建筑

05 结构类型
巨型结构

06 占地面积
7370.0m^2

07 总建筑面积
10506.0m^2

08 建筑高度
20.0m

09 合作单位
意大利 Giampaolo Imbrighi 设计团队

10 获奖情况
2011 广东省勘察设计优秀公共建筑二等奖

项目介绍

2010 年上海世博会意大利馆位于世博园的 C 片区，北边为主干道世博大道、紧邻黄浦江畔的游艇码头，西边为上钢路，南边为卢森堡馆，东边为英国馆。用地面积为 7370.0m^2，建筑面积为 10506.0m^2，其中地上 10147.0m^2，地下 359.0m^2，主体为地上 3 层（局部 5 层），地下为 1 层，建筑高度为 20.0m。

一层场馆的东南角为中央广场，参观的人们由南侧排队等候区依次进入入口大厅，18.0m 高的玻璃大厅透过缕缕阳光，巨大的“福”字与罗马拱门交相辉映。穿过窄长、倾斜、幽暗的走道到达中央大厅，顿时豁然开朗，周边为展厅、洗手间、展品仓库以及交通体。场馆的南、西、北侧被水池环绕，各疏散通道连向室外，北侧中间为物流主要出入口。二层主要为临时展厅和享受美好生活的地方，有意大利披萨餐厅、咖啡厅、冰激凌室等，还可以进入两层高的影剧厅，感受来自异国的视听盛宴。三层主要为办公室、会议室、贵宾接待室等内部使用空间及设备用房。夹层及地下室主要为洗手间、淋浴间、控制室及辅助用房等。

意大利

蚌埠市规划馆、档案馆及博物馆

BENGBU CITY PLANNING MUSEUM, ARCHIVES AND MUSEUM

01 建设地点
安徽省蚌埠市

02 设计时间
2011

03 竣工时间
2015

04 工程类别
博览建筑

05 占地面积
95499.0m²

06 总建筑面积
68333.0m²

07 获奖情况
2017 广东省优秀工程勘察设计行业奖工程设计一等奖
2019 全国优秀勘察设计奖优秀（公共）建筑设计一等奖

云南省博物馆新馆

NEW MUSEUM OF YUNNAN PROVINCE

01 建设地点
云南省昆明市

02 设计时间
2009

03 竣工时间
2015

04 工程类别
博览建筑

05 占地面积
12000.0m^2

06 总建筑面积
68000.0m^2

07 合作单位
许李严建筑师事务有限公司

08 获奖情况
2017 广东省优秀工程勘察设计奖公共建筑一等奖
2017 全国优秀工程勘察设计奖建筑工程一等奖

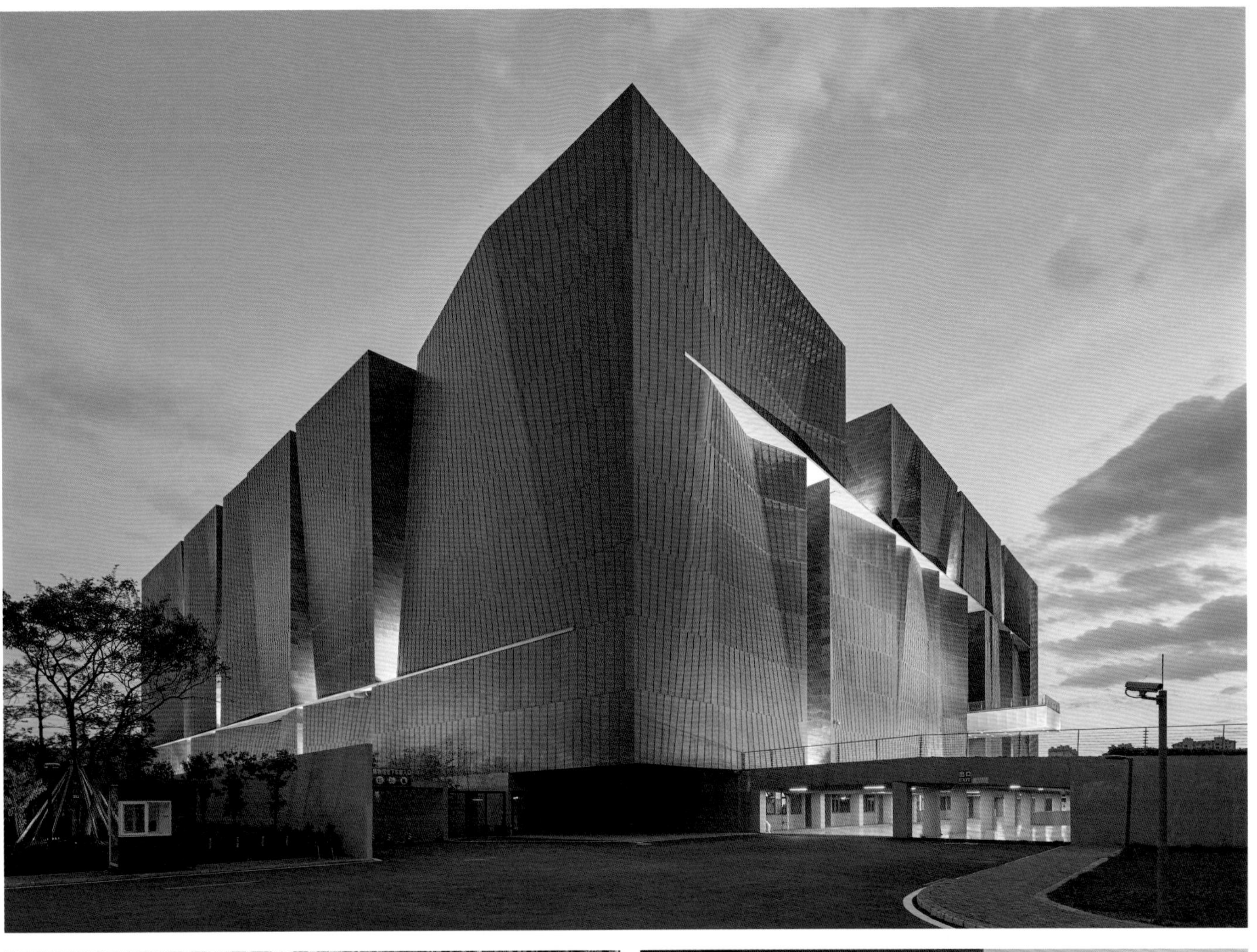

新疆大剧院

XINJIANG GRAND THEATRE

01 建设地点
新疆维吾尔自治区昌吉市

02 设计时间
2013

03 竣工时间
2016

04 工程类别
观演建筑

05 占地面积
71000.0m^2

06 总建筑面积
79000.0m^2

07 获奖情况
2017 全国优秀工程勘察设计奖建筑工程华筑奖工程项目类二等奖

项目介绍

新疆大剧院位于新疆维吾尔自治区昌吉市，在兴建的新疆“印象西域”国际旅游文化中心的南侧，南邻乌昌大道、东邻头屯河、西邻东外环，自然景观秀丽，交通极其便利。本工程南北长约 261.0m，东西宽约 252.0—293.0m，总用地面积约 71000.0m^2。

新疆大剧院是国内投资最大的丝绸之路主题剧院，拥有国内最大面积的室内表演舞台，是国内最高的钢结构穹顶建筑。

项目总建筑面积 7.9 万 m^2，外形取自“天山下的雪莲”造型，是花瓣、蕊芯层套的穹顶式建筑，好似一朵含苞欲放的雪莲。在国家“一带一路”倡议下，新疆大剧院以丝路文化艺术地标的形象高度概括了丝绸之路千百年来的历史、文化交流与传承，代表了新疆各民族人民高度认同的民族文化。

前厅及多层中庭在垂直空间上连接起几大功能块。侧厅主要是大剧院观众进出剧场的通道及休息场所；后厅为演员化妆、排练及服装道具等演出内部空间。通过穹窿透过日光、夜晚变幻的灯光以及空间组织，步移景异，形成有趣的空间感受。

施工图设计中集合了声学计算、室内外通风模拟计算、异形体量节能计算、风洞实验模拟、消防性能化模拟分析、配合舞台机械、舞台灯光、音响、舞台美术、座椅、室内装修、LED 屏、景观、夜景照明、幕墙、电梯、养马场等 20 多个专项设计，贯穿始终的协调、高度密切的协作保证了新疆大剧院反映新疆风情的建筑造型及内部宏大场景的演出效果。

临海博物馆与城市规划展览馆

LINHAI MUSEUM AND URBAN PLANNING EXHIBITION HALL

01 建设地点	02 设计时间	03 竣工时间
浙江省临海市	2013	2017
04 工程类别	**05 占地面积**	**06 总建筑面积**
博览建筑	$137000.0m^2$	$156000.0m^2$

07 获奖情况

2021 中国建筑学会公建类二等奖

2021 广东省优秀工程勘察设计公建类一等奖

项目介绍

临海市规划展馆和博物馆项目位于临海市大洋中心区，项目用地紧邻城市“三峰寺风景区——灵湖景区”景观轴线。作为重要的城市公共建筑，临海市规划展馆和博物馆呈双“L”围合，整合于完整的四方体量之中。两馆功能类型的复杂性和差异性，通过场地流线分层分区设置，能够独立运营管理。

6

体育建筑

SPORTS BUILDING

2007—2017

广州亚运会省属场馆网球中心

TENNIS CENTER OF PROVINCIAL VENUES OF GUANGZHOU ASIAN GAMES

01 建设地点	02 设计时间	03 竣工时间	04 工程类别
广东省广州市	2007	2010	体育建筑

05 结构类型	06 占地面积	07 总建筑面积	08 建筑高度
框架—剪力墙结构	17472.0m^2	21654.0m^2	27.6m

09 获奖情况

2011 全国优秀工程勘察设计行业奖评选亚运专题设计三等奖

2011 广东省勘察设计协会优秀公共建筑二等奖

项目介绍

网球中心位于广东省奥林匹克体育中心第九届全国运动会主体育场的北侧，总座席数约为 11379 座，共 15 片场。该馆在 2010 年广州第 16 届亚运会时承担网球比赛。

网球中心是广东奥林匹克体育中心总体规划中奥运五环的最北边两环，整个规划布局从南侧主体育场的飘带向北飘飘洒洒地涌动，形成强烈地运动感。网球中心顺应总体规划的思想及与体育场的协调关系，把主场、副场恰当地汇入五环之中，并巧妙地利用大坡道延续了飘带。同时也充分体现了网球运动激情、动感、飘逸的形态。

在结构选型方面，主体是钢筋混凝土结构。考虑到建筑造型的复杂性，本工程屋盖钢结构采用空间钢管桁架系，可分为径向桁架、环向桁架和支座环 3 部分，径向、环向桁架采用平面桁架形式，支座环采用双层网壳。径向桁架共 24 榀，环向桁架均匀设 3 道，主桁架末端设置支座环。整个屋盖形成 72 个区格，每个区格中部径向设置拉杆并在屋盖上弦对称布置 6 组钢斜撑，形成屋面水平支撑体系。该方案的优点在于屋面钢结构具有较好的空间刚度，整体性较好，节约了用钢量。

为了综合考虑比赛的使用要求及赛后利用，空调选用了 VRV 系统，减轻了日常使用和维护的资金压力。功能设计上，场地的设置、房间的布置充分考虑赛后利用及大众体育运动的需要。

西宁海湖体育中心

HAIHU SPORTS CENTER

01 建设地点
青海省西宁市

02 设计时间
2008

03 竣工时间
2013

04 工程类别
体育建筑

05 占地面积
244568.6m²

06 总建筑面积
188810.9m²

07 获奖情况
2017 广东省优秀工程勘察设计奖公共建筑二等奖
2017 全国优秀工程勘察设计行业奖优秀建筑工程设计三等奖

项目介绍

西宁市海湖体育中心位于青海省西宁市海湖新区内，项目由 4 万座的体育场、7000 座的体育馆、1200 座的游泳馆共同组成。一场两馆优美的折叠表皮建筑造型犹如三朵绽放的雪莲花，傲然挺立在青藏高原上。各场馆看台及地下功能用房采用现浇钢筋混凝土框架一剪力墙结构，屋盖均采用钢结构。

“一场两馆”建筑之间的轴线关系以体育场圆心为基点，呈发散状布局，形成互动协调，交相辉映的场馆布置。为了使场地在视觉和空间上产生延伸感，采用下沉式场地设计手法，与北侧的湿地公园相融合，从而将项目打造成集竞技体育、商业活动、休闲健身于一体的生态体育文化公园。

7

商业建筑

COMMERCIAL BUILDING

2007—2017

Hilton
STE
ORETHAN FOOD

欢乐海岸都市娱乐中心

HAPPY COAST URBAN ENTERTAINMENT CENTER

01 建设地点
深圳市南山区

02 设计时间
2009

03 竣工时间
2013

04 工程类别
商业建筑

05 结构类型
钢结构、混凝土框架结构

06 占地面积
56.4hm^2

07 总建筑面积
26.0 万 m^2

08 建筑高度
35.0m

09 合作单位
美国 LLA 建筑事务所、理查德·迈耶建筑师事务所

10 获奖情况
2015 广东省优秀工程勘察设计奖公共建筑一等奖

项目介绍

欢乐海岸项目是深圳市政府重点工程项目之一，由文化演艺、创意展示、休闲娱乐、城市节庆、生态旅游等多种功能融合成充满活力的区域，是城市的公共开放空间和滨海旅游度假用地。

项目分为南、北两大地块，北地块为政府托管用地，南地块包含都市文化娱乐区、绿色休闲度假区、滨海旅游区三大功能区域，占地面积为 56.4hm^2，为旅游度假及游乐用地。南北两地块间为双向 6 车道的城市次干道白石路，南北水域通过白石桥下方水体连为一体。

南北水域与深圳湾经滨海大道下的 3 条箱涵相连，利用深圳湾海水进行水体交换。地块用地地势平坦，地块东西长约 1000.0m，南北宽约 600.0m。现状约 2/3 为水域，水域与深圳湾相通。

北地块的内湖区是一东西向长条形、拥有大面积水域的天然红树林生态区，东西长约 2000.0m，南北宽约 750.0m。其中约 55.0hm^2 为水域，水域与欢乐海岸项目南侧通过白石桥相连通，内湖中部有一小岛，为众多鸟类的栖息地。

LONEI

张掖丹霞景区基础设施建设项目游客服务中心工程

ZHANGYE DANXIA SCENIC AREA INFRASTRUCTURE CONSTRUCTION PROJECT TOURIST SERVICE CENTER PROJECT

01 建设地点	02 设计时间	03 竣工时间
甘肃省肃南县	2014	2017
04 工程类别	**05 占地面积**	**06 总建筑面积**
商业建筑	96028.2m^2	15783.2m^2

项目介绍

项目包含游客服务中心和丹霞广场，于 2014 年 9 月委托深总院设计，项目由孟建民院士作为首席设计师指导完成，项目造型新颖独特，具有广泛的影响力。甘肃省张掖市七彩丹霞景区 2018 年 12 月获“2018 中国品牌旅游景区 TOP20”。2020 年 1 月，该景区被评为国家 5A 级旅游景区，是西北仅次于敦煌的世界级旅游目的地。

项目实现和谐界面的关键是以“规”且“整”的建筑体量布置。整合基地周边资源，建筑体形延续西侧山体形态，以整合的外部开放广场，自然联系花园式游客广场。总体规划以博物馆主碑为起点，行进路上两侧为丹霞地质博物馆和“玉如意”，游客中心在景观轴线的端头，形成中轴景观的突显元素。利用适宜建设的等高线作为建筑的临山面基本轮廓线与功能线闭合，形成体量。在环境设计上通过大面积架空，提供宜人的半室外休闲活动场所。将绿化与硬地集中布置，使广场完整实用。在造型处理上提取当地祁连玉文化与祥云为建筑元素，融入张掖蔚蓝天空、洁白云朵的美丽环境中。设计赋予建筑精致的幕墙与金属屋面节点独特迷人的气质，犹如色泽艳丽的祁连山美玉。

地上功能区一层，局部设地下一层，主体结构钢筋混凝土结构，屋面采用球节点钢网架体系，由于设计理念采用“祥云”概念，屋面造型新颖、独特，从结构专业来说，体形异常复杂，属于国内首创。屋面为异形平面网架结构，最大跨度 16.0m，最大悬挑 11.0m，网架截面高度 2.0m。结构计算采用不同软件进行比较、分析，经过多次讨论、优化调整，在确保结构安全的基础上，较好地满足了建筑功能及造型的要求，同时也在造价控制方面取得了良好的效果。结构设计具有创新性、先进性。

空调系统除售票大厅采用全空气系统外，其余均采用 VRV 系统，新风入口设置电动密闭调节阀，按室内需要及季节变化调节多叶调节阀的开启度，过渡季节采用全新风，采暖系统采用低温热水地面辐射采暖系统或散热器采暖系统，各并联环路计算压力损失相对差额均不大于 15%。

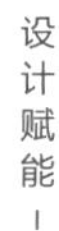

大理国际大酒店

DALI INTERNATIONAL.HOTEL

01 建设地点
云南省大理市

02 设计时间
2007

03 竣工时间
2017

04 工程类别
商业建筑

05 占地面积
36000.0m²

06 总建筑面积
76900.0m²

07 获奖情况
2020 深圳市优秀工程勘察设计公建二等奖

项目介绍

大理国际大酒店紧邻云南大理白族自治州行政中心，位于龙山山脊，临苍山、洱海。酒店占地约为 3.6 万 m^2，总建筑面积约 7.69 万 m^2，拥有 311 间全景客房，为集旅游、餐饮、文化、休闲、娱乐、会务等多重功能于一体的度假酒店。项目被列为云南省旅游业第一个重点项目，由云南力帆骏马车辆有限公司斥资近 15 亿元打造，目前是大理洱海标志性酒店之一。

酒店建筑体现白族建筑特色，整体布局因山就势，宛如玉龙，与“二龙戏珠”概念相契合。酒店内一步一景，兼顾民族与现代风格，集山水园林主题和白族特色文化于一体。为解决近 20.0m 高差的复杂地形，设计将入口广场、娱乐、餐饮和客房置于不同标高平台，并结合市政道路设置连桥、停车场及绿化广场，既疏解了地段拥堵的交通状况，又解决了场地内停车问题，屏蔽了市政道路噪声及视觉污染。

入口广场设置有 60.0m（宽）x10.0m（高）瀑布水景幕墙和生肖音乐喷泉。主庭院设置有无边际泳池和 3000.0m^2 婚庆广场。

酒店客房配备标准间、商务套房、行政套房、总统套房和贵宾别墅，所有客房面向洱海景观。餐饮部分包括中、西、法 3 个特色餐厅和两个大堂酒廊；另有特色红酒吧、私人影院和 SPA，并配置室内外泳池、儿童俱乐部、健身中心等休闲娱乐设施。会议中心设有 1100.0m^2 多功能宴会厅和 5 个会议室，是商务会议和婚宴的不二之选。

大理国际大酒店取舍于繁华与幽静之地，悠闲在传统与自然之间，俯瞰 270° 洱海的壮阔全景，远眺苍山白雪银顶的秀丽雄奇，与洱海公园、龙山公园相拥，是一方颐养心灵的理想之所。

巴中费尔顿凯莱酒店

FELTON GLAND HOTEL BAZHONG

01 建设地点	02 设计时间	03 竣工时间
四川省巴中市	2012	2014
04 工程类别	**05 占地面积**	**06 总建筑面积**
旅馆建筑	95372.9m^2	90686.3m^2

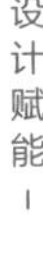

项目介绍

巴中费尔顿凯莱酒店是巴中市费尔顿酒店管理有限责任公司开发建设的五星级度假酒店。

项目场地是山地地形，整体呈南高北低、西高东低的趋势，场地内最大高差为57.0m。规划设置景观桥衔接北侧道路，道路与建筑间的低洼区域沿原有河道改造成景观水景。用地中间较平坦区域设置主建筑群——酒店大堂及餐饮、会议中心。西侧设置高尔夫练习场。东侧沿景观河展开设置体育运动场地。客房沿南侧山体以“人”字形展开，围绕中间形成建筑群的中心景观。东南角高地设置别墅客房区，于山底设置“电梯塔”直通山顶，形成区域特色景点之一。

建筑采用富有地中海气息的欧式造型风格，结合欧式园林设计，体现度假酒店的空间特色。立面材质采用砂岩及大理石等，使建筑造型富有典雅、浪漫的气息，彰显其高雅的特质。整体规划力求利用原来地形的高差规划多层次的建筑群，创造出令人难忘的立体空间体验。

合肥香格里拉大酒店

SHANGRI-LA HOTEL, HEFEI

01 建设地点
安徽省合肥市

02 设计时间
2011

03 竣工时间
2015

04 占地面积
21255.0m^2

05 总建筑面积
13873.7m^2

06 合作单位
王董国际有限公司

07 获奖情况
2018 深圳市优秀工程勘察设计公建三等奖

Shangri-La

设计赋能

南京茂业天地

NANJING MAOYE WORLD

01 建设地点
江苏省南京市

02 设计时间
2012

03 竣工时间
2017

04 占地面积
17698.4m^2

05 总建筑面积
90936.0m^2

07 获奖情况
2019 广东省优秀工程勘察设计奖建筑工程三等奖

项目介绍

设计依据基地条件、结合周边资源、内部建设要求等因素，通过对项目的深入解析，在解决一定的商业开发要求的前提下，力求营造高档时尚的新型步行街、打造创新的文化商贸综合体，大幅度提升该地区文化价值。核心规划设计理念如下。

根据规划设计要点信息，建康路 16 号（江苏酒家旧址）为不可移动文物，建康路 18 号、32 号、三新池浴室为历史遗存建筑。民国商业建筑遗存对于唤起本地段历史记忆、增强地段文化内涵具有重要意义，应该把场地中现有遗存整合到新建筑中，并且焕发新的活力。

瞻园是江南四大名园之一，可见其重要性。因此设计中提出 3 个原则：风格与瞻园协调统一；通过建筑体量构成、视觉处理手法将拟建建筑对瞻园的影响降至最低；重塑教敷巷原来的城市肌理，保持教敷巷历史街区的建筑风貌。

教敷巷地块位于南京老城南，处在老城传统肌理与现代肌理的交替过渡地段。地块内部分建筑年久失修，需要通过“旧城改造”来改善片区的环境品质。地块内尚存部分民国时期的历史建筑，具有保护价值。在保持城市原有历史传统文脉的前提下引入现代商业功能，力求在保护更新中让传统老街重新焕发勃勃生机。

深圳“茶溪谷”咕咕钟酒店

SHENZHEN "CHAXI VALLEY" GUGU BELL HOTEL

01 建设地点
深圳市盐田区

02 设计时间
2009

03 竣工时间
2010

04 工程类别
旅馆建筑

05 总建筑面积
17306.6m^2

06 获奖情况
2012 深圳市优秀工程勘察设计二等奖

项目介绍

东部华侨城“茶溪谷”咕咕钟酒店又名黑森林酒店，位于深圳盐田区三洲田东部华侨城风景区茶溪谷景区，风景秀丽，视野开阔。

总建筑面积为 17306.6m^2，共 6 层，局部 7 层。首层设置酒店大堂、餐厅、商务区、厨房、设备房酒店服务设施，二一六层均为酒店客房。客房种类有单、双标准间，家庭间，复式客房。

咕咕钟酒店靠近因特拉根酒店，立面风格定为欧式，融于原有环境。局部使用造型屋顶及玻璃幕墙，大量的线脚及坡屋面，轻松明快的色调，令人耳目一新。为了打造温馨的小镇酒店，建筑设计独具匠心，将艺术元素渗透每个细节。入住的宾客还可随心享用酒店的独家冲浪式户外游泳池，泳池面积 1245.0m^2，是休闲嬉戏的理想之地，足不出酒店即可欣赏美丽的池景，饱览夏日里的那一抹沁人心脾的清凉。酒店楼顶的大型咕咕钟表来自德国，每到整点，其独特的报时信号是酒店的又一大亮点。

酒店采取了大量的可循环使用的环保建筑材料，窗台、屋顶、露台处处可见鲜花绿草，坚持绿色设计，倡导绿色消费。

五指山亚泰雨林酒店

WUZHISHAN YATAI RAINFOREST RESORT

01 建设地点
海南省五指山旅游度假区

02 设计时间
2012

03 竣工时间
2015

04 工程类别
旅馆建筑

05 占地面积
95601.3m^2

06 总建筑面积
24230.1m^2

07 获奖情况
2014 第十六届深圳市优秀工程勘察设计（公共建筑）二等奖
2015 广东省优秀工程勘察设计奖工程设计三等奖

项目介绍

五指山亚泰雨林酒店位于海南五指山旅游度假区，总用地 95601.3m^2，总建筑面积 24230.1m^2。项目为一个包含旅游、度假、休闲、养生等多项功能的雨林度假酒店。

项目在规划上形成五大功能区建筑群：雨林客房区（A 区）、别墅客房区（B 区）、酒店主楼区（CD 区）、特色精品餐厅（E 区）、养生 SPA 区（F 区）。设计依托丰富的景观资源，致力打造一个充满热带雨林风情、满足旅游发展以及老年人养生需求、能反映绿色生态的度假精品酒店。

项目位于五指山国家雨林保护区的用地内，地形为一坡地，满布雨林与山石，原有几处小体量的林区管理用房及休闲设施，原生态的地貌保持良好。用地内每棵成年树木的砍伐或移栽、原始地貌的改变必须通过省林业部门的严格审批。因此，设计结合原生态地貌，减少对环境的影响。而完善酒店的复杂流线需求、营造休闲度假的良好氛围成为设计的难点与复杂之处，也成了设计独一无二的亮点。

项目设计与建造始终贯彻“悄然建造，浑然天成”的宗旨，在省林业部门的监督与指导下，呵护环境、珍惜自然。通过充分调研与比较，完善地设计，慎重地建造， 最终完成了一个融于热带雨林、绿色生态的度假精品酒店。

深圳博林天瑞喜来登酒店

SHENZHEN SHERATON BOLIN TIANRUI HOTEL

01 建设地点	02 设计时间	03 竣工时间	04 工程类别
深圳市南山区	2012	2016	旅馆建筑
05 占地面积	06 总建筑面积	07 建筑高度	
50080.4m^2	32000.0m^2	98.0m	

项目介绍

建设用地为长方形，东端呈梭状，环境有较丰富的景观和人文资源。地块北侧邻西丽大学城苗圃园；南侧为城市主干道留仙大道；西侧为厂房和城中村，将规划为研发办公楼；东侧为西丽大学城生态公园。用地远景资源为：北面的西丽大学城校区，南面的塘朗山脉，东北面的西丽高尔夫球场。项目东、南和北向均有良好的景观面。

本方案中共设 9 栋 150.0m 超高层住宅楼及 1 座 100.0m 以下的五星级酒店，其中酒店的建筑面积为 32000.0m^2。

一层层高 6.0m，设置酒店大堂、大堂吧、全日餐厅及厨房；
二层层高 5.0m，设置中餐厅包间及会议用房；
三层层高 6.5m，设置宴会厅、宴会包房、多功能厅及行政办公、会议室；
四层层高 5.0m，设置风味餐厅、会议室；
五层层高 6.5m，设置架空层；
6—24 层部分，层高 3.6m；共 19 层，共计 328 个自然间（301 间套间）。

地下部分共 2 层：
地下一层层高 4.8m，设置总库房、餐饮支持区、员工餐厅、人力资源部、员工后勤区、客房部、设备用房；
地下二层层高 4.2m，设置酒店汽车库及设备用房。

株洲大汉希尔顿国际

HILTON ZHUZHOU

01 建设地点	02 设计时间	03 竣工时间	04 工程类别
湖南省株洲市	2011	2015	旅馆建筑
05 占地面积	06 总建筑面积	07 建筑高度	
29933.4m^2	273459.7m^2	149.9m	

项目介绍

项目处于株洲市湘江边城市核心区内，为一个集合希尔顿酒店、超高层办公、住宅，公寓、购物中心于一体的商业综合体。酒店面积2.9万m^2，商业面积7.3万m^2，最大建筑高度149.9m。停车位数量912个。

扬州香格里拉大酒店

SHANGRI-LA HOTEL, YANGZHOU

01 建设地点
江苏省扬州市

02 总建筑面积
64500.0m²

03 建筑高度
99.7m

04 工程类别
旅馆建筑

05 合作单位
KKS 观光企画设计社集团、
艾奕康咨询（深圳）有限公司
科进香港有限公司

8

科创产业园与工业建筑

SCIENCE AND TECHNOLOGY INDUSTRIAL PARK AND INDUSTRIAL BUILDING

2007—2017

CES

深圳湾科技生态园一区

SHENZHEN BAY SCIENCE AND TECHNOLOGY ECOLOGICAL PARK ZONE 1

01 建设地点
深圳市南山区

02 设计时间
2012

03 竣工时间
2019

04 工程类别
产业园建筑

05 占地面积
29881.9m^2

06 总建筑面积
406849.8m^2

07 获奖情况
2019 年广东省工程勘察设计奖建筑工程二等奖

50

平安园区人人参与 维护稳定人人有责

深投控创智天地大厦

SIHC CHUANGZHI TIANDI BIUDING

01 建设地点
深圳市南山区

02 设计时间
2013

03 竣工时间
2017

04 工程类别
产业园建筑

05 占地面积
5654.8m^2

06 总建筑面积
94749.2m^2

07 获奖情况
2019 广东省优秀工程勘察设计奖二等奖
2019 中国勘察设计协会优秀勘察设计奖优秀（公共）建筑设计二等奖

项目介绍

项目分为 A 座和 B 座两栋塔楼，A 座为住宅式商务公寓，B 座为工业研发用房和高层裙楼，属办公用房（工业研发）。在用地条件有诸多制约的前提下，将两栋塔楼呈八字形布置。北侧的工业研发用房朝向西面的深圳大学校园，良好的景观使其办公品质得到大幅度提升；南侧的商务公寓呈南北向布置，在获得良好采光的同时也较大程度增加了与北侧办公塔楼的间距。

建筑首层设置城市架空通廊，将更多公共空间交还城市。架空广场两侧设置工业研发用房、商务公寓大堂及部分配套商业，以方便市民。由于地段形状狭长且极不规则，设计以“错动的办公舱体”为核心概念，使裙楼在充分适应地形的同时又自然地形成了有机的立面变化及大量生态绿化平台，提高了办公的舒适度。其内部的折形走道在每个转折处都向外开敞，从而一改传统的冗长中走道两边排布房间的压抑办公氛围，很好地将绿色、阳光和新鲜空气引入室内。

工业研发用房以被动式生态技术为主，通过生态绿化平台的设置为垂直绿化提供可能，并提供一定自遮阳效果；“办公舱体”之间的空隙将自然风引入室内，极大地改善了室内的小气候环境，再结合真空 Low-E 玻璃、VRV分区空调系统、雨水回收、太阳能热水等技术，创造全新办公空间体验。

ZTE中兴

南方科技大学及深圳大学新校区拆迁安置项目产业园区

INDUSTRIAL PARK OF RELOCATION AND RESETTLEMENT PROJECT OF NEW CAMPUS OF SOUTH UNIVERSITY OF SCIENCE AND TECHNOLOGY AND SHENZHEN UNIVERSITY

01 建设地点
深圳市南山区

02 设计时间
2010

03 竣工时间
2013

04 工程类别
产业园建筑

05 占地面积
142070.0m^2

06 总建筑面积
528500.0m^2

07 合作单位
深圳市耶格建筑设计顾问有限公司、
美国赛尔坦斯国际建筑设计有限公司、
深圳市中汇建筑设计事务所

08 获奖情况
2015 广东省优秀工程勘察设计奖工程设计三等奖

项目介绍

南方科技大学及深圳大学新校区拆迁安置项目产业园区位于西丽大学城片区。项目用地总面积 142070.0m^2，规划总建筑面积 528000.0m^2，规划容积率 3.72，覆盖率 40%。B、C 区现已建成投入使用，其独特风格、相互应和的几何形体，富有现代感的建筑外形与园林设计缔造舒适写意的环境，已成为深圳西丽片区一道独特的风景线。

在规划设计方面，建筑群沿学苑路设置。从西往东方向看，承担着孵化器功能的、高达 98.0m 的 B1 栋塔楼首先映入眼帘，有机的形体与保留的遗址山丘和谐对话；而 B2 栋（高度 49.5m）作为可提供大空间的低矮研发楼，让出北向景观通廊，让高密度的 A 区研发楼也能共享北面校园风景，创造了更多的室外交流空间，并引导人群从学苑路到产业园的中心花园；高度 98.6m 的 C1、C2、C3 塔楼是创业服务中心，可提供小面积出租办公空间，整齐排列在学苑路，底层提供了小型商业空间，满足办公需求。

在建筑造型方面，简洁的几何形体决定了立面造型以简洁明快的风格为主，大片的 Low-E 玻璃，再辅以横向的玻璃线条，既起遮阳作用，又丰富了立面造型。B、C 区有序排列 的 5 栋建筑，建筑群沿学苑路天际线起伏波动，其独特的体形和几何关系，使建筑拥有更好的视线和景观，B、C 区外形飘逸、洒脱，与 A 区互相辉映，在周围山体绿树的映衬下，更加熠熠生辉，极具韵律感、整体感。

在车行流线方面，车行路结合消防道路沿建筑周边布置。B、C 区的车行主入口位于本期地块的东西端和中间，使从城市来的车流能迅速到地下车库，减少车流对基地内部的影响。人行流线方面，基于地形原因，每栋建筑设置了双主出入口，既面向学苑路，又面向产业园中心花园。

产业园区的设计，就是以现代科技精神对比自然的环境，并借着设计元素、材料的选择来强调两种精神的共存、共容和互相承托，并以绿色环保的理念贯彻整个设计过程，利用立体绿化的设计新模式，建造了一个绿色生态的现代化高科技产业园。

C1

深圳创智云城第一标段

SHENZHEN CHUANGZHI YUNCHENG SECTION 1

01 建设地点
深圳市南山区

02 设计时间
2012

03 竣工时间
2019

04 工程类别
产业园建筑

05 占地面积
137000.0m^2

06 总建筑面积
589000.0m^2

07 获奖情况
2020 深圳市优秀工程勘察设计公建一等奖
2021 广东省优秀工程勘察设计奖公共建筑设计二等奖

项目介绍

项目位于深圳市南山区留仙洞总部基地西北角，北邻深圳职业技术学院西校区，西靠中兴通讯工业园及其人才公寓和山体公园，东侧和南侧为留仙洞总部基地2街坊和万科云城。项目包含研发、商业及公共配套等多项功能，在科学合理解决各项功能要求的基础上，致力打造一个新一代信息产业的“低碳 e 社区”。

规划设计中引入“低层街区 + 高层塔楼”的混合型城市形态的概念。在地面和低层部分，以细密的公共空间体系来营造有活力的城市生活；在空中，利用高层塔楼来争取高密度，保证大规模办公、居住空间的高效、合理性，保证每栋塔楼的合理朝向和平面配置，使用户充分享受阳光、通风和视野。并由此发展出一个视觉通廊、街道、广场、平台、商务环结合的公共空间体系。

留仙大道 西
Liuxian Blvd W

面向未来

FACE TO THE FUTURE

第四章

2018—2022

万象更新

VIENTIANE UP DATE

1

文博建筑新维度

A NEW DIMENSION OF CULTURAL AND MUSEUM ARCHITECTURE

2018—2022

对人以诚 对事以精

深圳前海国际会议中心

SHENZHEN QIANHAI INTERNATIONAL CONFERENCE CENTER

01 建设地点	02 设计时间	03 竣工时间
深圳市南山区	2017	2020
04 工程类别	05 占地面积	06 总建筑面积
博览建筑	24294.6m²	40545.4m²

项目介绍

前海国际会议中心地处前海深港合作区前湾片区门户位置，南临前海大道，东接怡海大道，西靠鲤鱼门街，北望城市公园（紫荆园二期）。项目建成后填补前海及深圳地区大型专业会议中心场馆的市场空白，满足前海日益增长的政务、商务、国际交流的需要，进一步提升前海营商环境，成为前海城市客厅的重要对外窗口。

设计灵感取自中国传统建筑琉璃瓦屋顶形式，建筑整体舒展大气，体量雄浑，出檐平远，体现中国传统民族文化自信，并通过现代材料“彩釉玻璃 + 铝型材”的组合来演绎，既有中国传统韵味，又呼应深圳气候特征，符合前海时代特色。

项目由孟建民院士作为总负责人，对项目推进工作进行整体把控。工程于2019 年 6 月开工，2020 年 6 月竣工。

深圳
庆祝深圳经济特区建立四十周年

深圳市人才研修院院士楼

ACADEMICIAN BUILDING OF SHENZHEN TALENT RESEARCH INSTITUTE

01 建设地点	02 设计时间	03 竣工时间
深圳市南山区	2019	2021
04 占地面积	05 总建筑面积	
41555.5m²	20090.0m²	

项目介绍

深圳市人才研修院位于深圳市南山区西丽街道麒麟山庄，整体采用园林庭院式设计，风格质朴典雅。项目总建筑面积约 2 万 m^2，是人才研修交流、资质对接服务平台，也是深圳市继人才公园、智汇中心后又一服务高层次人才的重要阵地，担负着高端人才来深圳研修、学术交流、科技成果对接等重要功能。投入运营之后，项目将为国内外院士、专家、学者等高端人才到深圳工作及学术交流提供良好舒适的生活环境。

南京江北新区市民中心工程

NANJING JIANGBEI NEW DISTRICT CENTER

01 建设地点
江苏省南京市

02 设计时间
2016

03 竣工时间
2020

04 工程类别
办公建筑

05 占地面积
55092.0m²

06 总建筑面积
756614.0m²

07 合作设计单位
东南大学建筑设计研究院有限公司（施工图）

项目介绍

项目位于南京市江北新区核心区中央大道东南侧尽头与长江滨水公园交界处的开放空间，是新老城区交会处的重要地标建筑。不同于传统公共建筑的宫殿风格或西式审美风格，它将城市公共生活和传统的东方意境通过郊野、集市、园林、街巷竖向重构于立体三维的建筑中，以徐徐开启的方式展现南京这座六朝古都的独特魅力。

作为先行启动项目，圆形母题更易适应复杂的城市空间环境，为周边城市建设发展预留了更多可能性。建筑体量根据功能需求一分为二，徐徐展开，犹如“宝盒开启”展示城市风韵。中式立体庭院与巨型架空广场，构成一内一外两个市民活力空间，营造富有场所感的“城市会堂”。并通过景观长廊和广场构筑物的布局平衡，实现建筑从“稳形”到“稳态”的转变。

自然平缓的景观微地形将场地与城市融合，巧妙地化解了场地东北侧 5.0m 的高差，用地内消化大量土方。八方通达的路径、灵动优雅的形态，正是形散而神聚的自然体验。

依据公共性强弱关系，功能自下而上竖向布局。少量商业、餐饮和服务配套设施置于半地下空间，通过两个下沉广场连接内庭院和外广场，构筑了一个可全天候独立对外开放运营的空间，串联起郊野、集市、园林的丰富空间体验。

层层跌落的东方园林取代了传统集散大厅，组织起功能的起承转合，凿壁为门、叠水成池，让市民中心显得开合有度、活力多元。传统与现代的碰撞与融合，正是我们期待及想要展示的“盒中宝”。

未来构建于历史之上，规划展示区在空中俯瞰新区，展示着南京的历史、现在与未来。围绕着核心中庭，我们以传统的街巷空间组织起实体模型区、数字沙盘区、各类常规展厅及会议办公等主体功能，严谨的秩序与逻辑、错落的空间和路径，诠释出城市的理性与情感。

雄安党工委管委会及雄安集团办公楼

THE MANAGEMENT COMMITTEE OF XIONG'AN NEW AREA BUILDING

01 建设地点	02 设计时间	03 竣工时间	04 工程类别
河北省雄安新区	2017	2018	办公建筑

05 占地面积	06 总建筑面积	07 获奖情况
8700.0m^2	18700.0m^2	2021 广东省优秀工程勘察设计奖公共建筑设计二等奖

安徽创新馆

ANHUI INNOVATION CENTER

01 建设地点
安徽省合肥市

02 设计时间
2018

03 竣工时间
2019

04 工程类别
博览建筑

05 占地面积
83436.0m^2

06 总建筑面积
81978.5m^2

07 获奖情况
2020 深圳市优秀工程勘察设计公建一等奖

项目介绍

安徽创新馆是全国首座以“创新”为主题的场馆，以“政产学研用金”六位一体成果转化体系建设为核心，是安徽创新发展的引领性工程。该馆将成为全省创新体系建设的重要基地和支点、重大创新成就集中展示平台以及国际化高端创新智慧空间。

众所周知，空间是有气场的，不同的空间给人不同的感受。在安徽创新馆的室内设计中，重点和难点就是如何恰如其分地利用室内装饰的语言再塑空间，传递一种充满活力与积极进取的精神。

在创新馆二号、三号馆的室内设计中，设计师紧扣“创新”主题，从与众不同的角度划分空间，将空间上的使用运用到极致，以满足其展示性及使用性的具体功能需求。

二号馆公共类空间——“未来之窗”的概念通过影像玻璃在二号馆的大堂空间得到诠释：走入大堂迎面映入眼帘的是3层通高的玻璃影像墙，周围的墙体立面同样以玻璃装饰，营造出炫酷的高科技氛围。

二号馆办公类空间——结合圆形建筑和高新产业的特点，设计椭圆形曲面形式以体现高科技的形象。中央区域设计成半开放式或者完全开放的复式“房中房”形式的会议室和资料阅览区，成为办公区的亮点，四周围绕设计成开放式办公区域，空间灵动且友善。

二号馆休闲类空间——二层中部的休闲活动区打造成一个社交空间，印证创新产业如何彻底反思整个“办公室”概念：改变典型的企业形象，创造更友善、舒适的地方。空间环境更像一个贴心温暖的住宅或精品酒店环境，摆脱一贯办公空间平平无奇的面貌。

三号馆公共类空间——三号馆大堂中利用半通透的曲面钢网将空间重新营造出超现实的科幻感，流畅的曲线与建筑圆形的设计彼此呼应，相得益彰。办公区域以“房中房”的手法加以重组，跳跃的色彩配合活泼的空间为“创新”的主题增添了一份精彩。

河北安平丝网国际会展中心

HEBEI ANPING WIRE MESH INTERNATIONAL CONFERENCE AND EXHIBITION CENTER

01 建设地点
河北省衡水市

02 设计时间
2019

03 竣工时间
2020

04 工程类别
博览建筑

05 占地面积
140000.0m^2

06 总建筑面积
66500.0m^2

07 获奖情况
2020 深圳市优秀工程勘察设计公建一等奖

项目介绍

安平丝网国际会展中心位于河北省衡水市安平县正港路以南，经五路以东，经六路以西。安平县是“中国丝网之乡”、中国丝网产业基地。安平国际丝网博览会是经党中央、国务院审批保留的河北省境内7个省部级展会之一，也是全球唯一的丝网专业展会。

会展建筑由博览建筑演进而来，指从事展览、会议以及节事活动的主体建筑和附属建筑，逐渐形成“展中有会、会中有展”的互融模式。会展建筑具有功能复合性、 文化地域性、地标性等特点。展厅常常与会议、餐饮、办公和文化设施等相结合，是人们互相交流与沟通的公共性活动场所。

本工程由4个单体组成。1号楼国际丝网会展中心分为登录大厅和展厅，登录大厅含票务、新闻发布、休息区、公共服务、商务中心，公共交通廊为交通纽带， 展厅空间为高大无柱多功能空间，适应各种展览活动；辅助空间含卫生间、会议室、洽谈室、管理用房、贵宾室等。2号楼检测馆为办公、会议功能，为展馆辅助用房，有检测、技术管理用房 。3号楼展览馆以博览为主，组织群众文化活动、介绍安平县丝网工业发展历程。4号楼能源中心，主要功能为设备用房。

设计理念为“时光如梭，编织经纬”。

“时光如梭，编织经纬”体现丝网的魅力与传承，在时间长河中从点滴的文脉中寻找创作的灵感。传统文化与现代建筑相结合，在中国汉文化元素基础上融合新的创意，现代的建筑和中国传统耕织文化提炼的结合，表现出中国文化的内涵。

“时光如梭”——登录大厅采用梭形造型，体现了传统文化与现代结合，从探索中产生升华。

本工程方案由北京市建筑设计研究院有限公司完成，深圳市建筑设计研究总院有限公司北京分院承担初步设计及施工图设计。

南京汤山地质文化交流中心

NANJING TANGSHAN GEOLOGICAL AND CULTURAL EXCHANGE CENTER

01 建设地点	02 设计时间	03 竣工时间
江苏省南京市	2017	2020
04 工程类别	**05 占地面积**	**06 总建筑面积**
文化建筑	6336.0m²	2121.6m²

项目介绍

项目所处的南京汤山矿坑公园，是将原有采石场进行功能置换，结合采石宕口打造的“城市双修”项目。围绕公园入口水塘规划有游客中心、茶室和交流中心等多栋构筑物，如何构建各建筑与园区的关系，如何处理彼此“看”与“被看”的联系，是设计的核心出发点。

地质文化交流中心位于汤山矿坑公园的半山腰处，在园区的规划中处于承上启下的位置，既是公园的视觉焦点，也是俯瞰园区的观景点。设计以“云台”为意象，将建筑悬于山坡之上，为访客提供餐饮会客服务的同时，打造多视角、多元化的游览体验。

到访者可跟随“之”字形路径爬坡游览至入口平台，并经过一片草坪和一座水桥到达建筑主入口。建筑由台基、斜塔以及挑台 3 部分组成。作为基础的“台基”部分是办公及厨房等功能，以岩石形象示人，呼应矿坑主题；“斜塔”部分是建筑的交通中枢，打造视觉焦点的同时，可供访客登高望远；“挑台”为建筑核心的餐饮休憩功能，通过 U 形的 20.0m 悬挑空间，为访客提供室内外的就餐、休憩和观景空间。

建筑选用无腹杆钢结构桁架体系和隐框曲面超白玻璃幕墙，并通过室内外一体化的顶棚地面处理，提供最大化景观视野以及室内外一体化的空间体验。

深圳市南山区第二外国语学校（集团）海岸小学

NANSHAN SECOND FOREIGN LANGUAGES SCHOOL (GROUP) COASTAL PRIMARY SCHOOL,SHENZHEN

01 建设地点	02 设计时间	03 竣工时间
深圳市南山区	2016	2018
04 工程类别	**05 占地面积**	**06 总建筑面积**
教科建筑	13408.9m^2	28699.5m^2

07 获奖情况

2021 广东省优秀工程勘察设计奖公共建筑设计二等奖

项目介绍

项目设计开始于对小学教育的再思考。这所小学未来的学生将在此开始一段人生中长达 6 年的也许是最美好的校园体验，在学生们自然的天性和学校教育赋予他们的社会性双重影响下，每一个个体的成长都充满了差异和不确定性，然而义务教育的实质是通过差异化的教育活动为每个个体提供平等的受教育机会，教育的责任和难度正在于此。

南山区第二外国语学校（集团）海岸小学（原后海二小）项目旨在通过多样化的空间设置为未来的教育活动提供机会，设计希望充分利用多层次的架空空间、不同性格的庭院，营造出富有活力的活动场地和交流空间，同时打造鲜明有特点的城市界面，使之成为深圳南山片区中的文化地标。

教学楼的设计在充分满足教室朝向及间距等规范要求的同时，通过半围合院落的方式，将单调的排列式的板楼有机地结合成一个整体。建筑造型进一步强化整体性，采用现代建筑语言及体量组合，统一的形式，打造学校完整的外在形象。校园内则在统一中寻求自由活泼的变化，利用上下错落的庭院、室外楼梯、花园、架空活动区强调静与动、统一与变化的对比，以此促进多种学习、生活交流的产生。完整的建筑形体、精心的细部设计等结合在一起，体现了浓郁的文化氛围和朝气蓬勃的学校气质。面向操场的主席台和观众席被设置在二层平台上，有效地释放出一层的活动场地，使一层架空空间与室外运动场地通畅连接，获得了最大的开敞运动空间。

深圳南山外国语学校科苑小学扩建工程

SHENZHEN NANSHAN FOREIGN LANGUAGE SCHOOL KEYUAN PRIMARY SCHOOL EXPANSION PROJECT

01 建设地点	02 设计时间	03 竣工时间
深圳市南山区	2018	2020
04 工程类别	**05 占地面积**	**06 总建筑面积**
教科建筑	6652.0m^2	24640.0m^2

项目介绍

深圳南山外国语学校科苑小学位于深圳市南山区科技园片区，原校园是一所 36 班的小学，现在需要在操场另一侧的用地上扩建 18 个班级同时增设图书馆、篮球馆、食堂、各种多功能教室以及为教师提供的 65 间宿舍。项目用地偏小而功能需求高，设计通过将食堂、室内球场、图书馆和宿舍等功能竖向整合，打破了传统学校的行列式布局，形成了一个内部功能空间丰富的学校综合体。同时通过图书馆的悬挑处理，给学校退让出了一个带 200m 标准跑道的运动场。

设计希望学校“窗外有自然”“门外有乐园”。“窗外有自然”：告别混凝土的高密度城市环境，让孩子们在自然中学习、成长，给学校多些清新的泥土气息。“门外有乐园”：普通教室每层提供课间十分钟的活动场地，不用去操场就可以随时随地玩耍和活动。设计通过使用前述两种手法植入学生活动空间，形成了一个从地面操场、二层平台到屋顶、架空层的“可游、可玩、可学”立体活动环境。

武汉大学研究生教学大楼

WUHAN UNIVERSITY GRADUATE TEACHING BUILDING

01 建设地点	02 设计时间	03 竣工时间
湖北省武汉市	2015	2018
04 工程类别	**05 占地面积**	**06 总建筑面积**
教科建筑	12537.2m²	21109.0m²

徐州市第一中学新城区校区

XUZHOU NO.1 MIDDLE SCHOOL XINCHENG DISTRICT CAMPUS

01 建设地点
江苏省徐州市

02 设计时间
2014

03 竣工时间
2019

04 工程类别
教科建筑

05 占地面积
115242.0m^2

06 总建筑面积
141140.7m^2

07 获奖情况
2021 广东省优秀工程勘察设计奖公共建筑设计二等奖

项目介绍

对新现代主义建筑的探究是本项目的起点，从某种意义上来说新现代主义回归了建筑的本原，今天的人们呼唤建筑功能含义中增加对人的关怀，对人文精神的关注。

在设计之初我们曾遇到难题，校区用地面积仅 11.5 万 m^2，这对于一个 16 轨 48 个班、师生总人数 2760 人的高中校园来说，用地是非常局促的。最终，我们的解决方案是以竖向延伸空间为切入点，扩大地下空间，将部分体量较大、人流聚散集中的功能在首层及地下层设置，形成建筑基座。基座地下部分通过下沉广场及庭院满足其交通组织与采光通风的需求，基座地上部分则形成架空层平台，空间在架空层相互连通，让校园的室外空间拥有更多的开放性与场所感。建筑和人的身体一样，都是有机的整体，各功能协同作用、相辅相成。

建筑形态结合功能布置进行设计，整体分为基座、架空层、上部建筑 3 部分。建筑基座为深色基调，给人以沉稳厚重的感觉。架空层向内缩进，作为上下部分的联系与过渡。上部建筑采用浅色基调，以彰显其轻盈之感。建筑立面采用双层表皮手法，外表皮以灰色石材、深灰色劈开砖为主，搭配褐色铝格栅、透明耐力板及红色铝板，既与新城区建筑风格相协调，又体现教科建筑开放、活跃、面向未来的特点。

海南洋浦滨海文化广场

YANGPU BINHAI CULTURE SQUARE, HAINAN

01 建设地点	02 设计时间	03 竣工时间
海南省儋州市	2018	2021
04 工程类别	**05 占地面积**	**06 建筑高度**
文化建筑	52590.0m^2	82116.0m^2

项目介绍

海南洋浦滨海文化广场作为洋浦的重要民生工程之一，位于洋浦经济开发区东部生活区，设有图书档案馆、体育馆、展示馆、文化馆及休闲活动广场，是为进一步完善洋浦经济开发区城市服务功能，提升文化水平，满足居民休闲、文化、健身需求的综合文化体育配套项目。

洋浦滨海文化广场的建成将进一步助力洋浦，打造城市功能完善、生态环境优美的滨海产业新城。

安庆烈士纪念园

ANQING MARTYRS MEMORIAL PARK

01 建设地点
安徽省安庆市

02 设计时间
2013

03 竣工时间
2018

04 工程类别
文化建筑

05 结构类型
框架结构

06 占地面积
84880.0m²

07 总建筑面积
405.0m²

08 获奖情况
2020 深圳市优秀工程勘察设计风景园林一等奖

项目介绍

安庆市烈士纪念公园，坐落于安徽省安庆市宜秀区大龙山镇新新村的君山岭，它的前身为君山岭烈士墓，原址位于纪念公园的东南侧。项目北临规划城市道路，周边为现有自然村落。基地多为丘陵缓坡地形，整体地势北高南低。

场地总体规划布局强调空间艺术序列，从入口广场到墓区一气呵成，恢宏大气。设计以自然生态可持续发展的理念，结合地形保留原生态植被，因地制宜，将建筑艺术、雕塑艺术、景观艺术与地方文化等融合在烈士纪念园内，既可以缅怀悼念先烈，又能轻松自然地休闲、游览；充分展现“褒扬先烈、教育后人”的陵园宗旨。赋予陵园以新的属性：教育性、文化性、纪念性、生态化，形成现代陵园的新概念。

2

科技产业园板块崛起

THE RISE OF SCIENCE AND TECHNOLOGY INDUSTRIAL PARKS

2018—2022

深圳湾创新科技中心

SHENZHEN BAY INNOVATION TECHNOLOGY CENTER

01 建设地点	02 设计时间	03 竣工时间	04 工程类别
深圳市南山区	2014	2019	办公建筑

05 结构类型	06 占地面积	07 总建筑面积
超高层框筒结构	39869.0m^2	485974.3m^2

08 合作单位

RMJM Architecture Ltd.（罗麦庄马建筑设计有限公司）

深投控
麦当劳

深圳湾创新科技中心
展示中心
科技文创 INNOVATION

中国地质大学

深圳天安云谷产业园二期

PHASE II, TIANAN YUNGU INDUSTRIAL PARK, SHENZHEN

01 建设地点
深圳市龙岗区

02 设计时间
2014

03 竣工时间
2018

04 工程类别
产业园建筑

05 占地面积
$30745.3m^2$

06 总建筑面积
$326728.2m^2$

07 合作单位
M. A. O. 艾麦欧（上海）建筑设计咨询有限公司

08 获奖情况
2021 广东省优秀工程勘察设计奖公共建筑设计二等奖

项目介绍

天安云谷项目占地面积 76 万 m^2，总建筑面积 289 万 m^2，由深总院分院完成的 03-01 地块由两栋超高层组成，建筑面积约 32.7 万 m^2，高度 179.0m。

本项目是一个以产业研发用房为主体的综合型项目，其裙房部分为 4 层，一层及局部二层、三层主要为产业配套小型商业服务设施；三层及四层为创新型产业用房。高层区产业研发用房为一栋点式塔楼，塔楼层高为 4.2m，总高度不超过 180.0m。另设一栋产业配套单身宿舍楼，层高为 3.9m，总高度不超过 180.0m。规划以“云计算”为理念，与 03-02、03-03 地块的设计理念相同，互相呼应。将云计算“共享”与“自由”的精神运用于空间构成和服务体系等各个领域，合理结合产业研发用房、产业配套小型商业服务设施及产业配套单身宿舍等功能，形成名副其实的“云”谷。

建成的天安云谷汇聚丰富产业资源，吸引高素质人才，并结合智慧的云服务模式，打造资本、人才等资源加速聚集和流动的平台，助力创新和产业集群发展，支持企业面向全球竞争。

合肥经开区智能装备科技园

HEFEI ECONOMIC DEVELOPMENT ZONE INTELLIGENT EQUIPMENT TECHNOLOGY PARK

01 建设地点	02 设计时间	03 竣工时间
安徽省合肥市	2018	2019
04 工程类别	**05 占地面积**	**06 总建筑面积**
产业园建筑	76455.4m^2	217984.0m^2

项目介绍

项目位于合肥市经开区经开区繁华大道南、宿松路东，项目东侧、南侧与北侧均为生产厂房，东侧约 300.0m 处为合安高速。项目定位为经开区研发中心，总用地面积约为 76455.4m^2。最高建筑高度为 98.8m。

通过对基地周边及原规划的分析，我们从以下几方面切入进行方案设计：
如何创作符合合肥市“大湖名城、创新高地”城市定位要求的建筑形象？
如何创作符合绿色开放园区要求的建筑环境？
如何创作符合健康生活方式的功能支持？
如何创作符合立体生态建筑特点？

在维持较高容积率的要求下，设计将高层建筑沿基地四周布置，为园区中间预留更多绿化空间。绿化中布置多层研发办公楼，不影响高层办公楼的观景视线。基地西北角相对用地价值较高，并且具有较长的沿街面，因此设计将单元面积要求较大的规模型企业办公设置于此，可以使企业获得一个较好的形象展示面。在裙房部分布置对外的沿街商业，配套园区使用。西南角地块结合园区主出入口设置，在此设计了整个园区的标志性塔楼，引领整个园区，定位为哈尔滨工业大学智能装备研发总部。

整个园区强化中央景观轴，结合地景建筑、下沉庭院等方式为园区提供了高品质、开放的景观环境。所有的配套设施布置于园区中央，便于各区域的共享使用。

开放园区：建筑布局顺应城市设计，一条东西轴向的核心景观带穿越整个地块，构成智能装备科技园项目的一大特色。地景建筑形式的产业服务配套位于景观轴中央，与核心景观带的下沉庭院广场共同形成多样而有趣的地面公共活动空间，实现了景观向内渗透并向外与城市共享。

功能支持：生活方式是一个园区成功的核心竞争力，中心景观轴为园区提供生活服务与产业服务，不仅为企业提供必需的配套服务，也为科研人员提供一个多样化的生活空间。

城市标志：项目邻近高速路，现代建筑群形体具有强烈的标志性，并形成了多层次的天际线；建筑风格体现了较强的科技感，展现了经开区转型发展的新态势。

立体生态：项目不仅有约 14000.0m^2 的绿化景观轴，而且充分利用了平台花园、空中花园，为科研办公人员就近设置多种类型的高品质休闲交流空间。

合肥国际智能语音产业园（A区）

HEFEI INTERNATIONAL INTELLIGENT VOICE INDUSTRIAL PARK (AREA A)

01 建设地点	02 设计时间	03 竣工时间
安徽省合肥市	2015	2018
04 工程类别	**05 占地面积**	**06 总建筑面积**
产业园建筑	45303.0m^2	167338.0m^2

项目介绍

项目位于合肥市高新区习友路和石莲南路交口西南角，项目分为 A、B 两区进行开发，其中本次规划 A 区总用地面积约为 45303.0m²。方案设计总建筑面积为 167338.0m²，其中地上 118281.0m²、地下 49057.0m²。设计有两栋 23 层科研生产楼、两栋 13 层中试厂房、4 层裙房。通过对基地周边及原规划的分析，基于"融入城市环境，丰富城市风貌，独创城市新景观"的设计理念，遵循现代、简约、典雅、庄重及富有文化内涵的设计原则，注重空间的阳光感、流动感及体量感。在高密度的开发模式的前提条件下，注重架空、退台、庭院、屋顶绿化、边廊、连廊等空间的塑造，形成多层次并且富有趣味的空间特色。方案在立面的造型处理上采用现代简洁的处理手法，采用轻盈白色的陶土板、铝板与玻璃共同塑造出科技性企业的创新与阳光感。立面造型灵感声波的概念、具有韵律性的建筑表皮与园区主题相得益彰，赋予建筑以标志性。

在方案设计及投入运营的过程中，采取行之有效的措施节约开支，控制运行成本，打造符合绿色生态节能减排要求的绿色建筑。例如：利用屋顶花园形成生态屋面节约能源；结合大面积的屋顶空间设置太阳能光热系统；采用室外透水地面；通过庭院与底层架空的处理，改善大进深建筑的自然通风和采光；采用雨水收集系统；采用导光筒、采光井解决地下室的采光问题；结合建筑立面造型设置遮阳百叶——通过多种技术措施的运用，努力营造生态节能的绿色办公与商业环境，使之成为新型科技企业办公建筑的典范。

深圳达实大厦

SHENZHEN DAS TOWER

01 建设地点	02 设计时间	03 竣工时间
深圳市南山区	2014	2018
04 工程类别	**05 占地面积**	**06 总建筑面积**
办公建筑	11195.0m^2	107525.9m^2

项目介绍

达实大厦位于深圳市南山区高新科技园南区，毗邻科技南一路，与地铁一号线深大站无缝衔接，交通便利，地理位置得天独厚。项目从城市的角度出发，采取了“化零为整，简中求变”的设计策略，在完全保留原有建筑的基础上，生成以方形体量为原型的塔楼，追求最大化的实用效率并强调项目垂直挺拔的标志性。设计在塔楼北侧设置空中研发展厅、提升办公品质的同时，向城市彰显企业文化。

达实大厦关注建筑的生态性能以及使用者的真实体验，并成为全国第一座同时获得“LEED 建筑铂金级”“中国绿色建筑三星级”“深圳绿色建筑三星级”双标准三认证的超高层办公建筑，为使用者提供最舒适的办公环境。

3

突破创新

BREAKTHROUGH INNOVATION

2018—2022

BOUCHERON

宁波杭州湾医院

NINGBO HANGZHOU BAY HOSPITAL

01 建设地点
浙江省宁波市

02 设计时间
2014

03 竣工时间
2018

04 工程类别
医疗建筑

05 占地面积
$69259.0m^2$

06 总建筑面积
$169864.0m^2$

07 获奖情况
2021 中国建筑学会公建类一等奖
2021 广东省优秀勘察设计奖公共建筑设计一等奖

项目介绍

宁波杭州湾医院位于宁波杭州湾国际商务休闲区核心段九塘河风光带。项目旨在打造一个集中式布局的医院，采用合理的密度和高度，在其中容纳最大面积的庭院空间、最短的流线以及最便捷的交通联系，实现高效集约。

医院主体由 7 个关键部分组成：①场地中央的医技区域手术枢纽区；②相对独立，共享中央医技的综合门诊、妇幼门诊单元；③医学综合楼；④住院医疗系统；⑤配套服务系统；⑥空中立体花园；⑦地下物流与交通枢纽系统。这 7 个部分共同组成了功能上相辅相成、共同受益的整体。层次分明的“医疗街”串联起所有功能单元，清晰分流不同性质的人群，保证各功能分区的高效联系。

深圳市南山区人民医院（改扩建）

SHENZHEN NANSHAN DISTRICT PEOPLE'S HOSPITAL (RENOVATION AND EXPANSION)

01 建设地点
深圳市南山区

02 设计时间
2016

03 竣工时间
2019（国诊楼）

04 工程类别
医疗建筑

05 占地面积
54422.1m²

06 总建筑面积
67902.4m²

07 获奖情况
2021 广东省优秀工程勘察设计奖公共建筑类二等奖

華中科技大學協和深圳醫院
阳光医学美容

医院入口
南山医院入口

北戴河新区健康城滨海康养小镇（一期）小镇中心

THE CENTER OF BEIDAIHE NEW DISTRICT HEALTH CITY BINHAI RECOVERY & ELDERLY CARE TOWN (PHASE I)

01 建设地点	02 设计时间	03 竣工时间
河北省秦皇岛市	2018	2019
04 工程类别	**05 占地面积**	**06 总建筑面积**
福利建筑	$45000.0m^2$	$13600.0m^2$

项目介绍

北戴河新区健康城滨海康养小镇（一期）小镇中心为多层公建，位于河北省秦皇岛市昌黎县黄金海岸中南区，坐落于北戴河滨海新大道西侧，南侧、西侧、北侧紧邻本项目为新建居住区，基地周围有丰富的旅游资源以及便利的交通，距离碣石山 20.0km，距离渤海海边仅 1.0km 的路程，距离机场 30.0km，距离高铁站 30.0km，为沿海居住区的示范区。

项目使用功能为售楼处、儿童活动、餐饮、办公等，集多种功能于一栋单体建筑，建筑呈"个"字形，布置在用地中心。建筑周围通过"自然、几何"的原则设置景观，结合绿树、山丘、水域的设置形成一个完整的集休闲、参观、销售于一体的活动空间。景观以水系为主线，通过水轴、水环、水镜的方式，将水景与建筑有机地结合，形成的水域像宝镜一样烘托着建筑优美的造型。建筑立面造型充分结合自然，采用玻璃幕墙及石材幕墙，屋顶采用大出挑坡屋面，配置灰色的金属瓦，二层设置供人员停留的休息平台，并在主入口位置设置了水幕，通过这些设计形成很多过渡空间，让建筑更具有趣味性和观赏性，让身临其中的人们充分感受空间的虚实变幻，充分享受设计师的奇思妙想。

云南省阜外心血管病医院和云南泛亚国际心血管病医院

YUNNAN FUWAI CARDIOVASCULAR HOSPITAL AND YUNNAN PAN-ASIA INTERNATIONAL CARDIOVASCULAR HOSPITAL

01 建设地点	02 设计时间	03 竣工时间
云南省昆明市	2015	2018

04 工程类别	05 占地面积	06 总建筑面积
医疗建筑	24003.3m^2	229504.4m^2

07 获奖情况

2019 广东省优秀工程勘察设计奖建筑工程设计二等奖

项目介绍

云南省阜外心血管病医院和云南泛亚国际心血管病医院是按三级甲等心血管病专科医院标准建设的高水平医院，是云南省重点民生项目之一。医院由云南省阜外心血管病医院、云南泛亚国际心血管病医院及心脏病研究中心组成。阜外医院为公立医院，泛亚国际医院为营利性高端医院。

充分整合昆明当地的自然条件、云南深厚的文化底蕴以及医院自身独特的文化内涵。整体布局完整，建筑造型、室内装饰突出鲜明的地域特色，力求打造“自然—建筑—自然”的圈层式结构。在场地空间内部建立以绿色花园为主体的自然生态核心，成为花园城市中的“花园医院”。

“一院两制、资源共享”的设计模式
云南阜外医院和泛亚医院分设独立的出入口，中心内部连通，采取分区管理的模式，大型医技设备共享。阜外医院的整体以满足功能为主，简约、现代。而泛亚国际心血管医院的整体风格及选材相对考究，高端、典雅。

减震结构体系设计
项目处于抗震设防烈度八度区，需进行减震设计。通过多种减震形式的分析比较，结构采用设置粘滞阻尼器进行减震设计，减震分析表明采用该方式高层部分减震结构体系基底剪力比非减震结构体系减少 30% 以上，主体结构的含钢量显著降低。

新材料、新技术应用
地下车库部分车位为机械车位，为避免车架振动导致连接保护下层车架喷头管道接口漏水，连接侧喷喷头采用专用消防软管连接。通过设置下凹绿地、透水铺装、植草格、渗透沟，充分利用雨水资源，管网末端设置调蓄池，控制地块雨水错峰排放，减少城市内涝，实现雨水综合利用。

“一体化设计”的理念
医院建筑功能复杂，且专项设计较多，如物流、净化、景观、标识、防辐射、医用气体、减震设计等。项目通过采用一体化设计，从策划、规划、方案、施工图、施工配合等方面在时间进度和技术节点上进行融合，配合业主对工程进行全过程的协调统筹，使业主对项目进度和造价把控力度方面极大加强。项目从设计招投标到投入使用仅历时三年半，工程造价节约了 15%。

巴布亚新几内亚布图卡学园

PAPUA NEW GUINEA BUTUKA ACADEMY

01 建设地点
巴布亚新几内亚莫尔斯比港市

02 设计时间
2007

03 竣工时间
2018

04 工程类别
教科建筑

05 占地面积
50000.0m^2

06 总建筑面积
10800.0m^2

07 获奖情况
2018 第四届 APEC ESCI 最佳实践奖金奖
2018—2019 中国建设工程鲁班奖（境外工程）

项目介绍

深圳与巴布亚新几内亚的合作日益增多，高层和民间互访频繁，该国的交通、文化、教育、卫生等领域都活跃着深圳企业的身影。2016 年 5 月，深圳市与巴布亚新几内亚首都莫尔斯比港首都行政区缔结为友好交流城市。为增进城市友好交流，深圳市计划在巴布亚新几内亚首都莫尔斯比港首都行政区援建一所学校。援建学校拟建位置位于巴布亚新几内亚莫尔斯比港首都行政区南部。

项目用地面积约 50000.0m^2。总建筑面积不低于 10800.0m^2，预计可容纳学生 2700 人，其中配置小学部 26 班、初中部 16 班、初小部 10 班、风雨操场、教职工公寓 12 间及室外活动场地等。

基于现状用地设计，各建筑功能灵活布局。将小学部与初中部设置在场地北侧的主入口部分，设计成 S、Z 形布局，体现极具灵动的校园特色。其中，小学部功能以教学为主，设计中采用 S 形的灵活平面布局；为改善传统教育建筑的封闭模式，我们设计采用“2+1”的平面布置模式，在两个教室模块单元之间设置一个教师办公模块，提高了教学的复合性和高效性，激励师生互动，强调师生交往。初中部的功能以初中教学和专业教学为主，并配置综合性的行政办公及生活辅助用房；平面采用 Z 形的灵活布局，使各功能有机连接在一起，提高教学办公效率。初小部设置在场地西南侧的平坦区域，通过围合空间的布局手法，为学生活动提供安全内向的室外活动用地；功能以教学为主，配置少量的办公及生活辅助用房。风雨操场布置在场地南侧为大跨钢结构，满足学校集会活动的需求，并设计室外集会广场。教职工公寓独立布置于场地东北侧，呈一字形布置，为教职工提供私密、舒适的生活空间。

场地地貌呈南低北高，我们通过设计将场地大致分为 3 级台地，满足各建筑布局。并结合巴布亚新几内亚当地自然环境，设置绿色生态景观绿化，使建筑完美地至于景观规划中，为师生享受院落与自然环境提供多种可能。

场地设置 2 个出入口。主入口以人行为主，强调校园主轴线步行空间。次入口整合了校园与教职工宿舍区，以车行流线为主，设置校园环路，满足消防安全需要。停车位配置 50 个，布置于场地的入口区域及风雨操场东侧，满足学校停车需求。

项目提倡融入绿色建筑的设计理念，在设计中植入绿色生态建筑空间，采用节能环保的设备产品，为学校师生提供健康舒适的教学环境。建筑的装配施工采用标准化的钢结构三维模块化单元，保证高效合理的建造速度，控制建筑成本，降低工程施工中的误差，提升建筑的整体品质。设计充分考虑当地人文特色，将学校规划与建筑设计完美地融入巴布亚新几内亚的本土环境之中，展现了中、巴两国文化的完美融合，缔造出当地校园建设的新标杆。

AND ROAD

深圳市长圳公共住房及附属工程

SHENZHEN CHANGZHEN PUBLIC HOUSING AND ANCILLARY PROJECTS

01 建设地点	02 设计时间	03 竣工时间
深圳市光明区	2017	2021
04 工程类别	**05 占地面积**	**06 总建筑面积**
居住建筑	158400.0m^2	1138700.0m^2

项目介绍

项目位于光明新区光侨路与科裕路交会处，基地西南角为地铁 6 号线及 18 号线长圳站，交通便利；场地内有鹅颈水穿越，景观优势明显，总建筑面积近 114 万 m^2，提供公共住房 9670 余套。

方案以“本原设计”思想为指引，从环境、交通、功能、质量、成本、人文等方面进行全方位系统性设计。以健康、高效、服务人的幸福生活为初心，打造国家级绿色、智慧、科技型公共住房标杆。以“标准化设计、工业化生产、装配化施工、一体化装修、信息化管理”为原则，实现住宅产业化建造。

深圳梅丽小学拆建教学综合楼项目临时校舍工程

TEMPORARY SCHOOL BUILDING PROJECT FOR DEMOLITION AND CONSTRUCTION OF TEACHING COMPLEX BUILDING PROJECT OF MEILI PRIMARY SCHOOL, SHENZHEN

01 建设地点
深圳市福田区

02 设计时间
2018

03 竣工时间
2018

04 工程类别
教科建筑

05 占地面积
7473.0m^2

06 总建筑面积
5197.5m^2

07 合作单位
香港元远建筑科技有限公司

08 获奖情况
2019 广东省工程勘察设计科学技术一等奖

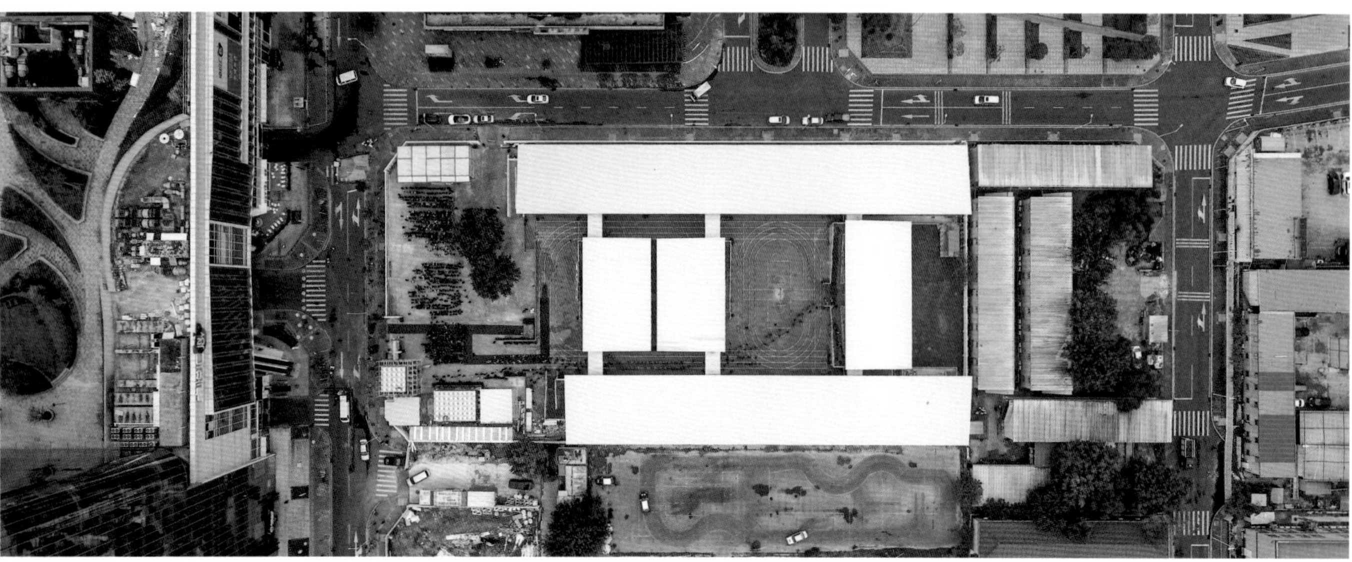

项目介绍

项目是在福田区新校园行动计划的大背景下，为福田区乃至深圳市提供高品质腾挪校舍就近安置策略。项目通过研发设计的高品质轻型建筑产品，利用城市零星土地资源，提供高品质过渡校舍，为城市未来可持续发展提供更多创新路径。建筑坚固又灵便可动，可激活城市冗余空间，使之可以再利用。该模式可推广到其他学校、医院类项目中，在社会上引起了广泛关注。

项目总建筑面积 5197.5m^2，钢结构预制率 100%，装配率 95%，重复利用率 90%，主体建筑 148 天完成。项目在结构系统设计上具有创新性，预制部件模块化程度高，装配率高，整体可重复拆装，体系在国内具有领先性，目前项目已建成。

深圳市罗湖区机械雕塑

SHENZHEN LUOHU DISTRICT MECHANICAL SCULPTURE

01 建设地点	02 设计时间	03 竣工时间
深圳市罗湖区	2019	2022
04 工程类别	**05 占地面积**	**06 建筑高度**
其他	642.4m^2	12.0m^2

项目介绍

深圳市罗湖区机械雕塑于 2022 年 1 月完成竣工验收后正式投入运营，在人来人往的热闹街区中形成一抹独特而富有活力的风景线。项目位于深圳市罗湖区和平路北端和解放路交会处，与深圳地铁老街站毗邻，区域东侧紧邻广深铁路。改革开放 40 年，该区域见证了罗湖区发展的风雨历程。

深圳市南山中心区立体公交车库

SHENZHEN NANSHAN CENTRAL DISTRICT STEREO BUS GARAGE

01 建设地点	02 设计时间	03 竣工时间	04 项目类型
深圳市南山区	2019	2021	交通建筑
05 占地面积	**06 总建筑面积**	**07 建筑高度**	**08 车位总数**
4515.0 m^2	1059.0m^2	45.7m^2	85 个

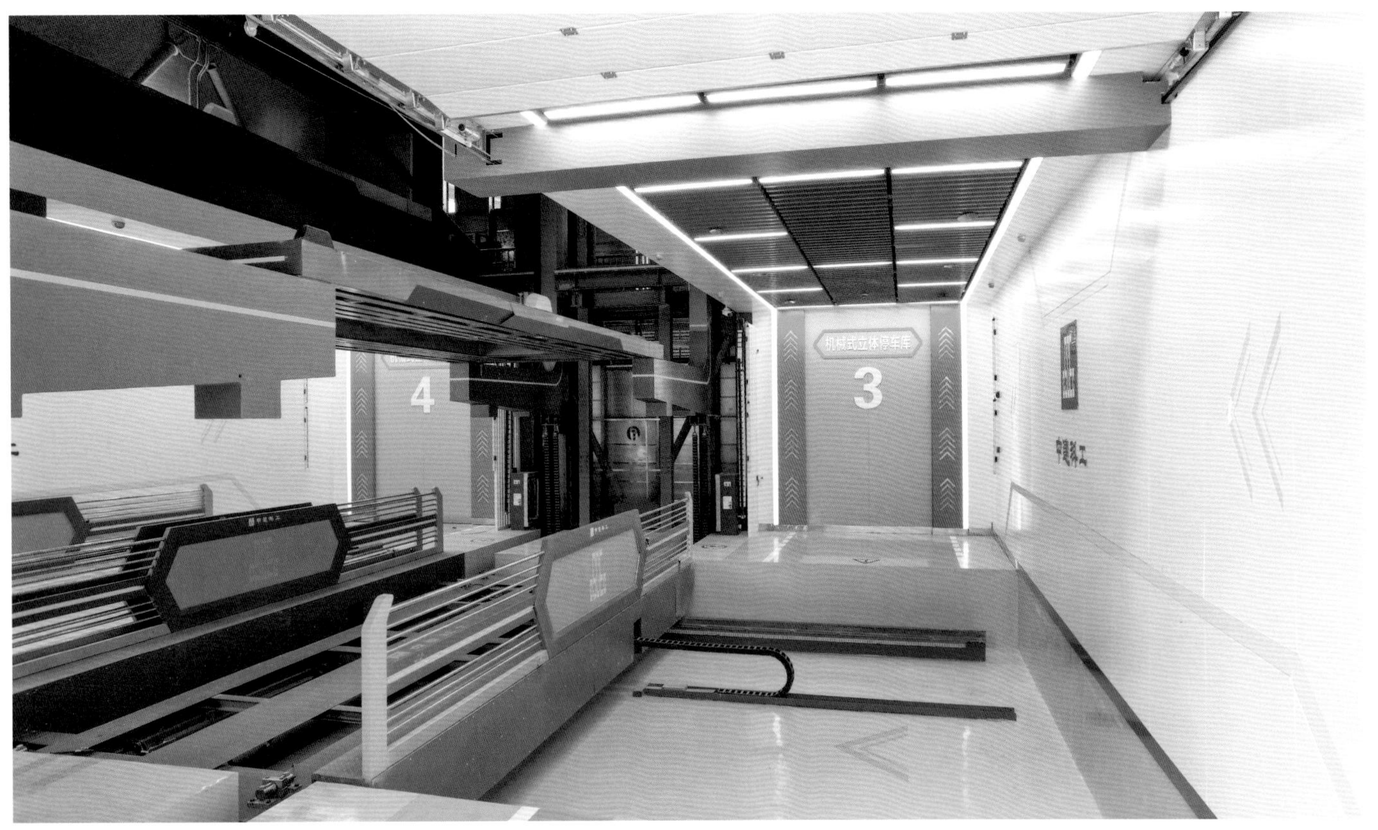

项目介绍

项目为深总院负责全过程设计咨询的全国首个智慧新能源公交机械立体车库——深圳市南山中心区立体公交车库，于 2022 年 3 月正式投入使用。项目采用“标准化设计、工厂化生产、装配化施工、一体化装修、智慧化运维”的装配式建造方式，建成后实现了新能源公交车立体存放、自动充电、智能调度、智慧运维等功能。

广东省汕尾市金厢镇乡村振兴项目

GUANGDONG SHANWEI JINXIANG TOWN RURAL REVITALIZATION PROJECT

01 建设地点
广东省汕尾市

02 设计时间
2018

03 竣工时间
2019

04 工程类别
其他

项目介绍

项目位于广东省汕尾市金厢镇黄厝寮村。面对乡村环境的限制和外出村民对家乡疏离的现状，项目探索了开发商—村民—建筑师三方协同、在地更新乡村场所的方式。项目充分利用了开发商成熟的建造手段，引入当地传统材料与工法，实践乡村振兴战略，重新审视了当前的乡村更新模式。

项目包含了黄厝寮村的两个重要公共空间节点：位于村头的村民中心以及位于村尾的湿地中心。村民中心建设了一个 758 m²的开敞架构，设置黄厝寮村村民停车场、卫生间、小卖部、村民休憩空间、农业科学辅导用房等。湿地中心面积 400 m²，设置卫生间、小卖部供游客、村民使用，并修缮了村民用以祭祀、集会的祭祀广场，在农忙时也作为晒谷、休憩的场所使用。

后记

2022 年深圳市建筑设计研究总院成立 40 周年。深总院人奋斗四十载，探索四十载。乘着改革开放的春风，开拓出一片崭新的天地，创造出累累的硕果。四十载薪火相继，四十载砥砺前行，四十年的历史是一部“见证改革开放发展，扎根成长于深圳，与特区同成长”的浓缩画卷，这部作品集收录的作品仅仅是深总院众多作品中的一小部分，或许也不惊艳，但它忠实地记载了深总院这四十年的一路走来，步步脚印都凝聚着深总院人的汗水和设计师们的艰辛。

总结是为了交流，交流方能促进提高，展现现有的成绩为了激励更好的未来。此次汇编时间仓促，水平有限，错漏不尽之处难免，望读者指正。

四十年的发展成就，离不开您的关心与支持！谨以此作品集的出版向一直以来关心、爱护、支持深总院发展的社会各界朋友们致以崇高的敬意和诚挚的感谢！同时献给为深总院的繁荣而奋斗四十载的全体同仁和关心深总院成长的朋友们，未来深总院的建设期待您一起参与和见证！

深圳市建筑设计研究总院有限公司

2022 年 11 月